我们梦想的未来都市

〔日〕五十岚太郎　〔日〕矶达雄　著

穆德甜　译

江苏凤凰科学技术出版社

图书在版编目（CIP）数据

我们梦想的未来都市／（日）五十岚太郎，（日）矶达雄著；穆德甜译. —— 南京：江苏凤凰科学技术出版社，2019.1
ISBN 978-7-5537-9731-1

Ⅰ.①我… Ⅱ.①五… ②矶… ③穆… Ⅲ.①城市规划 Ⅳ.① TU984

中国版本图书馆 CIP 数据核字（2018）第 230163 号

江苏省版权局著作权合同登记　图字：10-2018-035 号

BOKURA GA YUMEMITA MIRAITOSHI

Copyright © 2010 by Taro IGARASHI & Tatsuo ISO

All rights reserved

Original Japanese edition published by PHP Institute, Inc.

This Simplified Chinese edition published by arrangement with
PHP Institute, Inc., Tokyo in care ofJapan UniAgency, Inc.

我们梦想的未来都市

著　　　者	［日］五十岚太郎　　［日］矶达雄	
译　　　者	穆德甜	
项 目 策 划	凤凰空间／陈舒婷	
责 任 编 辑	刘屹立　赵　研	
特 约 编 辑	陈舒婷	

出 版 发 行	江苏凤凰科学技术出版社
出版社地址	南京市湖南路 1 号 A 楼，邮编：210009
出版社网址	http://www.pspress.cn
总 经 销	天津凤凰空间文化传媒有限公司
总经销网址	http://www.ifengspace.cn
印　　刷	北京博海升彩色印刷有限公司

开　　本	710 mm×1 000 mm　1/16
印　　张	8
版　　次	2019 年 1 月第 1 版
印　　次	2019 年 1 月第 1 次印刷

标 准 书 号	ISBN　978-7-5537-9731-1
定　　价	48.00 元

图书如有印装质量问题，可随时向销售部调换（电话：022-87893668）。

序

2010 年 5 月，上海世博会开幕了。

以"城市，让生活更美好"（Better City, Better Life）为主题，会场面积占地 528 公顷，参展单位达 240 个以上，预定参观人次为 7000 万人的上海世博会，不论从任何层面来看，都超越了之前所有的世博会。

上海世博会的象征建筑"中国馆"，是将展示室腾举至空中的巨大建筑，整体造型模仿了古老木造建筑的木构组合方式，是能使人感受到历史与传统的设计（图 1 ~ 图 3）。

这次上海世博会的亮点在于爱护地球环境的"低碳世博会"，因此博览会中大量使用电动车、精化壁面、LED 照明等生态环保技术；另外，改造旧建筑进行再利用的展馆也相当多。

采访各个展馆时，到处都能发现关于绿色能源、绿色材料等最新的环境共生技术的介绍。

但与这样的展馆共同展示的，却是另一幅未来都市的图像——以空桥连接起来的超高楼大厦、周边环绕着的是高架列车和空气动力车（air car）等新型交通系统林立交错的景象。而这与四十年前的大阪世博会所描绘出来的未来都市，并无太大的改变。

随着电脑影像处理技术的突飞猛进，各种表现形式也变得更加多元化；然而这些图像表现的内容却与往昔并无二致。我们所梦想过的未来都市，直到现在似乎仍然尚未脱离想象的阶段。

让我们继续回到中国上海世博会。

《香格里拉》（2005）是日本小说家池上永一的作品，也曾被改拍成动画片。这部电视剧以 21 世纪中叶的东京为背景，描写地球变暖现象急剧恶化时，碳取代了金钱成为推动世界经济的主要动力，碳排放量则成为新的国力指标。日本为了减少碳排放量，采取了东京整体绿化政策。彻底实行这个方案的日本，不再只是停留在屋顶绿化的阶段，而是让植物完全吞噬高楼大厦，让整个东京市彻底丛林化。

同时，东京的皇居上空则建设了名为"亚特拉斯（Atlas）"的空中都市。"亚特拉斯"是以碳素材为支柱的巨型结构（mega-structure），其中居住了350万名特权阶级，他们不用降落到地面，就在此处生活。

这部电视动画所描绘的是——即使在彻底考量环境的未来社会中，人们还是持续建设出20世纪时构想出来的巨型结构景象。即，即使在崇尚保护自然环境的时代，人们仍旧向往着那个曾经的未来都市。

如此束缚着我们的未来都市，其根源究竟来自何处？而其意象又如何改变？本书试图探索未来都市的历史，思考时代与地域更迭对未来都市的想象所造成的变迁。

未来都市其实就是现实生活中城市规划的延展，是由建筑师与城市规划学者共同构想出来的；然而另一方面，像《香格里拉》这类的小说、漫画、电影等虚构文本，也以各式各样的方式描绘出未来都市的样貌。在这本书中，希望不仅能收录建筑师们贴近现实的计划，同时也将小说家们远离现实的想象纳入，以两方并重的方式来重新思考未来都市的图像。

本书的执笔者中，五十岚太郎是建筑史研究者，现在除了在大学任教之外，同时也撰写建筑评论。我之前在建筑专业杂志出版社担任编辑，现在是一名独立的建筑专业记者，活跃在建筑领域。

在撰写本书的分工上，凡是建筑师或在现实上与未来都市相关的章节都由五十岚太郎负责，而小说、电影中出现虚构的未来都市部分则由我撰写。我们两人都是建筑专业人士，同时对虚构的未来都市图像都有着浓厚兴趣，在领域上也多少有相互重叠的部分。

章节的构成则以一个主题为中心，以现实与虚构两方面的考察交错配置的方式构成：第1、2章讨论从20世纪五六十年代到1970年的大阪世博会会这段时间里，对未来都市的兴趣与认识显著提高的现象；关于东京的未来都市论述在第3、4章中呈现；从文艺复兴时期到近、现代期间关于乌托邦的系谱则安排在第5、6章，因为电脑而改变的未来都市面貌会在第7、8章呈现出来。最后的第9章，则由五十岚执笔，以与第1章的大阪世博会对照的方式，讨论2005年的爱知世博会。

现在，就让我们一同开启探寻之旅，朝向未来都市出发！

矶达雄

目　录

第 1 章
大阪世博会与 20 世纪 60 年代

1.1 《20 世纪少年》中所描绘的未来都市

若读浦泽直树的人气漫画《20 世纪少年》，就能感觉到其中不断浮现的未来都市景观。例如"朋友"市的基地是个有三角形阴影的大厦——以现实中既有的建筑来说，这与青森的观光物产馆或是被称为"现代金字塔"的平壤柳京饭店都非常相似；而不论是"朋友"市基地、青森观光物产馆还是柳京饭店，它们强烈的几何学形态都让人们感受到了"未来"的意象。

特别让人惊奇的是，在漫画中 21 世纪的东京成了大阪世博会会场的再现（图 4）。在《20 世纪少年》单行本的第七卷里，"东京世博会"的工程现场首次现身：2014 年从海底隧道逃狱成功的阿区（角色本名为落合长治）爬上东京湾后，面对着本不应该存在，但却矗立在眼前的太阳之塔（图 5），难以置信地喃喃自语："怎么会？"与阿区一起逃狱、以漫画家为职业志向的青年角田，则因为不曾经历过 1970 年的大阪世博会，而如此惊呼："怎么回事？这么奇怪的建筑！"

笔者认为，2005 年的爱知世博会与其建筑出那些令人失望的建筑，或许还不如像动画《蜡笔小新风起云涌！猛烈！大人帝国的反击》（2001 年上映）中的 20 世纪博览会一样，重现大阪世博会那些辉煌的展馆反而更有意思。以这层意义来说，《20 世纪少年》就是将这个想法实现出来的虚构故事。故事中的新兴宗教组织领袖"朋友" 在 2015 年以"应然之未来都市"为主题举办了世博会，作为推动漫画中虚构世界产生戏剧性转变的契机。实际上，对建筑界而言，以"人类的进步与和谐"作为主题的 1970 年大阪世博会，已经是未来都市的试验场了。

　　例如，大阪世博会会场中被太阳之塔从中穿过去的巨大建筑物，即是祭典广场的大屋顶。这个广场是由设计了 1964 年东京奥运比赛场地"代代木国立竞技场"的建筑师丹下健三设计的。包含祭典广场在内的大阪世博会展馆群，在 2005 年的爱知世博会中也制作成食玩系列发售，这以现代建筑来说算是相当少见的现象，也说明对大阪世博会的建筑记忆，已经成了日本人共有的昭和风景。笔者虽然没有大阪世博会开幕时的记忆，却也在不知不觉间知道了太阳之塔。如果循着个人记忆探索的话，在车电正美的漫画作品《拳王创世纪》的决斗场景中，背景里的奇妙物体，可能是我与太阳之塔最初的相遇。

　　世博会结束之后，祭典广场的大屋顶被解体拆除，世博会纪念公园内只保留了太阳之塔。而构成大屋顶的"空间桁架"（space frame，立体格状的结构）则有一部分保留了下来，现在放置在地面上。《20 世纪少年》这部漫画中，也毫不马虎地再现了大屋顶 —— 它并不仅是覆盖在广场上的一个单纯的屋顶而已。

　　打开《日本世博会》导览手册，用语集索引中针对"space frame"所写的说明是"空中都市的雏形"。实际上从太阳之塔的手臂伸展出来的空间，不只是展示空间的延续，同时也表现"进步世界"的含义。这部分延续的，是活跃于 20 世纪 60 年代的英国空想建筑师集团"建筑电"（Archigram）等当时的世界建筑师所展示出的未来都市生活。在当时，连小学生们都读着大阪世博会导览手册，梦想着未来世界人类居住在空中的样貌。

　　在"空间桁架"中，置入了由黑川纪章设计的胶囊住宅。当时朝日新闻所拍摄的电视特别节目《世博会开幕》，就以"那么，就请进来这个像梦一样的未来住宅看看吧！"这样的旁白介绍了胶囊住宅。早在 20 世纪 50 年代末，匈牙利裔的法国建筑师 Yona · Friedman 为了解决人口过于密集问题，就已经提出能在巴黎上方分解、移动的"空中都市"概念，然而让这个概念脱离梦想阶段，加以实现的，就是大阪世博会。另外，空间桁架的结构工法则是以 1955 年前往日本举行研讨会的结构专家 Konrad · Wachsmann 的想法作为根基，加以发展成形。

在《20 世纪少年》中现身的富士展馆群、美国馆等，这些以空气构造为主的展馆也特别值得一提。尽管 1988 年东京巨蛋完成时，这种空气结构已经不稀奇了，但对 20 世纪 60 年代来说，舍弃使用钢、混凝土或石头这些笨重的材料，以轻盈的空气作为构造系统，就是使人感觉到自由的未来建筑。当时才三十多岁的年轻建筑师黑川纪章，也着手设计了大阪世博会中的 Takara Beautilion 和东芝 IHI 馆两栋展馆，颇受媒体瞩目，因此成为号称"建筑界的原子小金刚"的年轻明星建筑师。

后来在 2003 年拆除的世博会塔（Expo Tower），则是由菊竹清训所设计。

这些设计的共通点在于它们都是能够仅就部分单元进行替换取代的设计系统，这种设计概念来自 20 世纪 60 年代，由黑川与菊竹发起的名为"代谢派"的前卫建筑运动，而将这个概念原原本本地付诸实践的，即是大阪世博会。彻底展示"以部分集积为整体"这个设计理念的作品"中银胶囊大楼"（1972），正是业主参观了黑川在大阪世博会中所设计的展馆后，进而委托他进行设计。然而这个让人能在东京体验到大阪世博会时代的难得建筑，却也存在着被拆除的危险。

另外，在祭典广场上仡立的两座机器人 —— 拥有两颗像眼球一样的球体的 Deme 和不会动的 Deku，则是由后来成为世界知名建筑师的矶崎新所设计。或许多少会令人感到意外 —— 虽说是机器人，但拥有足以匹配四层楼高建筑的 14 米身长的它们，其实是以能对应环境改变的"动建筑"为构想而设计出来的作品。

担任会场总体计划策划的建筑师是丹下健三，他引入自动步道，让整个博览会场与未来的都市计划重合。因此可以说，1970 年的大阪世博会，是真正投入了日本建筑界的明星队，直接地让建筑梦想具体成形的时代。

现在因为电脑或纳米科技这种难以可视化的先端科技发展，已经使建筑很难再成为世博会的主角了。

1.2 20 世纪 60 年代的两张面孔

迈向巨型结构的建筑风格

现在让我们回顾一下大阪世博会所在的 20 世纪 60 年代的时空背景。

1956 年国际现代建筑协会（CIAM）解散，四年后，"代谢派"在 1960 年于东京举办的世界设计会议中首度登场；1961 年美国的建筑杂志 *PA* 主办了以"混沌时代"为主题的研讨会。这个时期，英雄中心主义式的近代秩序思想逐渐崩解，连带地引起世界面貌的变动，进入了变革的时代。1960 年左右也是都市时代的起点：建筑师们开始跨越单体建筑，热烈地谈论都市设计，值得一提的是，这个都市的乌托邦是以夸大妄想的巨型结构（mega-structure）为目标所建立的。18 世纪末的法国也曾经企图建造不可能实现的巨大建筑，但最后实现出来的是纪念碑性质的建造物，并非都市。若从乌托邦的漫长历史来看，巨型结构在 20 世纪 60 年代是特别常见的现象。例如 1961 年美国建筑师富勒（Richard Buckminster Fuller）提出，以穹顶覆盖整个曼哈顿的人工环境提案，还有保罗·索莱里（Paolo Soleri）的有机高原城市（Mesa City）计划。像富勒这样以技术者而非思想家的角度，来构思一个合乎理性的乌托邦概念，也可以说是近代的特征。富勒穹顶提出的同年，日本建筑师丹下健三也发表了"东京计划 1960"，这个提案中，不管是在模型还是绘图手稿，都无法辨认人的身影，其巨大程度让人感到畏惧。虽然这种以远景眺望山岳的绘图方式很常见，但在这个计划中并非以人，而是只能以山岳作为比例尺来确认，足见该计划的规模之大。

其他代谢派的成员，如 1960 年槙文彦与大高正人根据"群造型理论"而发展的新宿计划方案，尽管并不是以全体为考量的总体规划方案，而是以部分为优先考量的设计提案，其规模仍然相当庞大。而作为反开发派的京都大学学者西山卯三在 1960 年的"Iepolis 计划"与 1964 年的"京都计划"中提出去除小客车的方针，在设计上则像是将柯布西耶的集合住宅单位放大一般，将各种设施堆积起来成为壮观且狂放的建筑体。

建筑逐渐朝向巨大化的过程，严格来说并不是以 1960 年作为起点；早在菊竹清训提出垂直伸展的"塔状都市"提案（1958）、浮在水上的"海上都市"（1958）（图 6），还有黑川纪章的"新东京计划"（1959）等设计案中，就可以稍微嗅到一点先机，后来这些人也相继成为代谢派的成员。若要谈到更早的例子，1950 年秀岛乾所设计，全长达 1.2 千米的带状摩天大楼及高架道路系统也是一例。此外，由内田祥三主导的亲里馆计划，则以天理市作为舞台，至今仍持续进行，完成后将成为总长达 3.5 千米的城壁都市。这虽然是个将宗教都市的特殊性加以现实化的计划方案，但它在多功能巨型构筑体的系谱中也是不能被遗忘的存在。在当时，美国的建筑师保罗・鲁道夫（Paul Rudolph）曾对"现代主义之后什么将成为主流？"这个提问做出了回答："密斯・凡・德罗之后，就是巨型结构了。"

针对当时的状况，建筑评论家班纳姆（Reyner Banham）在《巨型结构》这本书中曾提出"过于巨大的建筑物必然会导致灭亡"这样的论点，并同时揶揄地比喻——"巨型结构是近代的恐龙"。他认为这种趋向一开始是以柯布西耶等建筑师作为先驱，1960 年前后则因日本代谢派兴起而始动，之后由法国（如保罗・梅蒙特在 1962 年的塞纳河地下都市计划）与意大利所承续下来；1964 年这个大潮流则聚集了起来。同年，英国的建筑电讯也因为发表了"插接城市"（plug-in city）以及移动都市概念的"行走城市"（walking city）等具有攻击性的作品，逐渐受到重视，同时这也是槙文彦最初使用"巨型构造"这个词汇的年份。依照班纳姆的说法，1967 年的蒙特利尔世博会是巨型构造倾向现实化到达顶点的时刻，而这种倾向到了 20 世纪 70 年代之后则日益衰微。

然而，依笔者的意见来看，直到 1970 年大阪世博会中巨大的祭典广场完工为止，这种巨型结构的倾向其实一直都存在。班纳姆的是以英国动向为轴心，以他支持的"建筑电讯"浮上台面、受到重视的 1964 年为主，并将日本放置在前哨位置这样的论点，稍稍有些国家中心主义的傲慢。尽管如此，日本以西欧作为先驱的认识其实并没有改变，倘若稍微修正一下立场的话，或许也可以说那是以输入为主的日本，与自家设计的前端接轨的瞬间吧。实际上，在海外刊行的几本建筑论选集当中，将日本的都市建筑视为 20 世纪 60 年代初的装饰这种看法也不在少数。

未来学与反乌托邦（anti-utopia）

以班纳姆的建筑观来考察的话，可以清楚观察到巨型结构在日本发展的社会背景。20 世纪 60 年代的时代精神就是未来学 —— 这可以说是与悲观的"终末论 = 末日终战（Armageddon）"相对的一种看法。不只是建筑师，当时几乎整个社会都谈论着乐观的未来，陶醉在将来的愿景之中；因为未来学正是拥有未来的时代。以下引用当时小学生的作文《我的梦想》，或许可作为这种说法的典型例子：街道上到处林立二十层楼以上的高楼大厦，单轨电车和公车路线交错，川流不息地行驶着。广阔的屋顶上直升机忙碌地接送乘客，车站、停机坪往来繁忙。汽车飘浮在空中行进，步道则是由橡胶所构成的输送带运送着人群……如果能早一点过这种生活的话，该有多好啊。

未来学是林雄二郎、小松左京、梅棹忠夫等人提倡的概念。1961 年池田内阁发布"国民所得倍增计划"等政策，由政府带起来的"未来"计划泛滥，也推进了未来学的潮流。随后 1968 年，日本未来学会成立。如果说建筑师的预言中有某种现实性的话，以 1964 年东京奥运为目标的"东京大改造"，与经济景气支持下所兴起的建设热潮间的重合，或许也暗示了未来学所将到达的高峰。插画家真锅博的作品——包含大阪世博会海报在内，描绘了各种多彩多姿的都市未来图像，而大阪世博会也展示了来自小松左京等多位科幻作家提出的相关概念。同一年也隆重举办了国际科幻研讨会，环绕着"该如何描绘未来"的议题进行讨论。

然而，活跃于 20 世纪 60 年代末、70 年代初的建筑评论家宫内康曾经强烈地批判巨型结构："将建筑、都市视为一种代谢装置的代谢派思维，是以废旧立新为宗旨，这种做法除了不断地制造出环境污染、反映高度经济成长理论之外别无他物。"（《建筑知识别册 关键字 50》。1983 年第 7 号）。这意味着标榜大量生产的现代主义时代结束之后，不切实际的巨大未来图像已经逐渐无法应对零散资本的动向。在日本以大阪世博会作为转换点，其后建筑师们也纷纷从都市的愿景中撤退；而 20 世纪 70 年代的石油危机，更使建筑师们的巨大梦想随之萎靡。作为未来学代表作家的小松左京也在这个时间点出版了小说《日本沉没》。

与现实断裂、仍持续膨胀扩张的乌托邦想象开始变得滑稽，像是米切尔（Mike Mitchell）与彭德威尔（Alan Boutwell）在 1969 年提出从纽约到旧金山、横跨美洲大陆的单体建筑城市（single-building city）计划，或是奥地利建筑师雷蒙德·亚伯拉罕（Raimund Abraham）所梦想能覆盖全球的构筑物，都在这个脉络之中。从丹下健三到建筑电讯为止的巨型结构，以及后来的科幻小说或未来漫画，都被一起收录到 1978 年出版的 *RUTUROPOLIS* 这本以视觉性为主的书册之中封印起来，作为乌托邦的残骸风干收藏——也作为"未来"历史的一页。

当然，倘若在谈及 20 世纪 60 年代时只不断地强调"夸大妄想"这个层面的话，未免有欠公允。1960 年凯文·林奇的《都市的图像》，就是从一般居住者如何理解都市的构造进行讨论，而非以鸟瞰角度来俯瞰都市；1961年珍·雅格（Jane Jacobs）也从与人等身大的视角出发来诉说都市的故事为起点，对近代的都市计划进行批判。从计划手法到理论翻译，在这个时期也都开始产生变化；在矶崎新的"孵化过程"中，将成为废墟的未来景象与巨型结构同时并置的做法（图 7），也可以看出反讽的批判态度；另外还有意大利的建筑集团 Superstudio 所描绘的敌托邦（Dystopia）式未来都市景象 —— 如《十二座理想都市》（1971）这个作品，即是以人工培养的一组男女和一艘作为方舟的环状太空船作为未来城市的提案。这个环状方舟每年回转一个区域，回转一周后将已经 80 岁的男女释放、投弃在太空之中。而建筑伸缩派所提出的 No-stop City（1971）则是无限连续的人工环境都市，但这个巨大建筑物与其说是理想的，不如说是让人感觉单薄寒冷的均质空间。这样的态度也是 20 世纪 60 年代的另一张面孔 —— 作为一种对未来意向的批判，如保存论的兴起或反资本主义的情境主义活动，也是这个时代不能被遗忘的一部分。

　　法国思想家米歇尔·福柯（Michel Foucault）于 1966 年所提出的异质空间（heterotopia），是指无单一秩序的实在空间，是与尽管美丽但并不存在的乌托邦相抗衡的概念。异质空间是混杂的场域空间，存在于现实空间的边缘。凯文·林奇之后的空间理论，都倾向于从现实都市的细微观察出发对单一功能场域进行批判，也重新对混杂系场域进行评价，从中抽理出新的方向性。这种倾向也意味着人们已经不信任"未来学"中所包含的单纯时间概念，抗拒那种必定朝向进步，以"过去→现在→未来"为发展的线性时间。箭头所意味的时间指向已经变得更为复杂：时间是相互关联着的，未来也包含着现在，过去也重合在同样的场域中，而这些层层交叠的时间内包含的正是都市。因此，彻底的现实主义之中栖宿着小小的未来种子，这并非是以大结构来达成，而是透过极微小的战略来建立。如果检视日后都市论，大抵都可以在这个时期找到源头。

总之，尽管巨大化思维在设计层面的发展时间看起来很短暂，但在思想层面上却持续在后继时代里生发出丰富的细部思考。20 世纪 60 年代就从这两张分裂的面孔中展开，是成果丰硕的十年。

1.3 矶崎新的电气迷宫对世博会的批判

在 1968 年第十四届米兰三年展中，矶崎新制作了名为"电气迷宫"的装置。然而当时受到"五月风暴"余波影响，5 月 30 日的开幕式也因遭到学生示威游行的队伍强行进入而关闭了一个小时。会场里贴满了"米兰 = 巴黎""三年展已死"等激烈标语。一开始，反战、反帝国主义等人潮与展示牌不断涌现出来，让人以为是开幕式的表演活动。

以上所谈及的整个驱逐事件过程，是笔者从矶崎新本人口中得知的。倘若阅读当时的建筑杂志，会发现除了介绍当时大阪世博会展馆建造计划的报道之外，几乎没有谈及这个事件。

1968 年日本建筑界的最大话题，是作为当年日本第一栋超高楼的大厦"霞之关大楼"终于竣工。1968 年 5 月，大阪世博会协会提出了以树木为比喻的会场构造图。然而若再进一步调查，会发现当年的《建筑文化》8 月号中其实刊登了高口恭行所撰写的《被闭锁的第十四届米兰三年展》一文，是少有的针对这场骚动事件的记录。

这边稍微地介绍这篇文章。高口恭行在文章中，以"地狱般回转铝板以及都市理想的双重意象""成功营造出幻想的曼陀罗空间"等句子描绘了矶崎新的"电气迷宫"。还有"各式各样的未来图像，嘎吱作响地在回转着的银色铝板上闪烁，将迷失在其群中的参观者们导向如幻觉般的世界"，以及"照着全体的晦暗光线，将可怖的未来景象与潜藏在人心深处的图像奇妙地结合在铝板上"等。在这篇文章的最后，高口恭行以"或许米兰三年展的事件也可以称之为'小世博会'，因为这个展示作品也是作为 1970 年举办的大阪世博会的预览或说是一种暗示"作为结论。

"电气迷宫"是将十六块弯曲的铝板群以网格状（grid）配置，中央的四块铝板以红外线感知观众的动向，因而能随之自动回转，周围的十二块铝板则是手动回转。板上以网版印刷印上日本妖怪、地狱等恐怖图像，随着不断转动的铝板，参观者体验到如鬼屋一般的迷宫空间。在其中一个壁面上，设置了大片的横向展板，并利用三台投影机投射出各种影像。展板本身以广岛为背景，再拼贴上成为废墟的未来都市之姿而成的图像。这与 20 世纪 60 年代建筑师们所构想出来的未来都市印象不谋而合。同时，设计师杉浦康平与摄影家东松照明也参与其中，而会场中流转着的音乐，则是由一柳慧作曲的现代音乐。

根据矶崎新的说法，电气迷宫的主题是"所谓的理性构想或是理论性的计划，最终会被人类那些非合理的冲动情感所背叛或颠覆，这也暗示了计划概念本身所内包的二律背反原则"（a+u，1972 年 1 月号）。当时的建筑师在高度经济成长期的煽动下，竞相发表有着光明未来的建筑计划，其最后集大成就是大阪世博会。丹下健三曾表示，"世博会会场本身就是一个实验的都市。"（《新建筑》，1970 年 5 月号）但矶崎新却指出，大阪世博会是"祭典与广场的合体，无拘无束的乐天主义""不论是多么壮大的都市计划，其背后都背负着废墟的阴影。"（SD，1976 年 4 月号）所谓的未来都市都生产着废墟——壁板上扭曲的巨型废墟，不就像是祭典广场的残骸吗？矶崎新自己提到，不知道什么时候开始，东京大学入学的时候，在插画中就总是废墟的片段。

1970 年的大阪世博会虽然得到了成功，但一部分的建筑师也提出"70

DYS–TOPIA OSAKA CITY"（《近代建筑》，1970 年 8 月号）来批判世博会这种令人眼花缭乱、花哨得就好像宾馆一样的设计。矶崎新一边负责这场嘉年华会的广场现场，一边也透过"电气迷宫"来对世博会进行预先性的批判检证。不论是"70 DYS–TOPIA OSAKA CITY"或是之前提到的"电气迷宫"，都带有格状的架构 —— 前者在会场摆放了树枝状的阶层型构造，后者则是企图创造一种迷宫式的空间。但比起建筑本身，这次共通的特征是动员所有媒介开创的整体环境。实际上，矶崎新是根据"软性建筑（soft architecture）作为回应场所的环境"这个概念来说明这两个计划（《建筑文化》，1970 年 1 月号）。

在《建筑文化》1970 年 4 月号的"世博会建筑"特集中，将展示馆分为五种：第一种是"整体展示型"（integral display type），将重点放置在展示物的物质层次（例如美国馆）。第二种是"电气迷宫型"（electric labyrinth），主要将"电子工学与影像效果结合成幻境般的环境构成"（例如电气通信部与东芝 IHI 馆）。第三种是"开放环境型"（open environment type），透过外部与内部的不同组合，以变化空间构成作为主要目的（例如瑞士馆）。第四种是"书廊型"（gallery type），是以情绪性地看见物自身为目的（例如松下馆）。第五种是"诗赋型"（ode type），强调传统剧场空间内的印象与装置（例如 IBM 馆）。其中，第二种是以矶崎新批判世博会的展示作品为命名依据，在某种程度上也可以说他的批评被大阪世博会收录其中了。

最后，引用一段相当有趣的证言。"令人印象深刻的是，1970 年世博会开幕前，在彩色电视机中看到的矶崎新。戴着现场用的安全帽，对着访问麦克风，那时的他可以说是苍白憔悴。在我的印象中，他的鬓发已经变白，身旁散发着一股空虚又哀伤的气氛。"（佐佐木隆撰文，"矶崎新：观念的漂泊与悖论"，《建筑》，1972 年 10 月）

据说完工后，矶崎新因为极度疲劳而睡着了，因此他是在电视机前观看开场仪式。在那个时候，建筑杂志封面放的是当时世界第一高楼的纽约"世界贸易中心大楼计划的全貌"特集（《建筑文化》，1970 年 6 月号）。

1.4 世博会废墟中产生的现代艺术家 —— 矢延宪司

双胞胎般的未来都市 —— 千里新市镇

有一位艺术家，以大阪世博会旧址这个未来都市遗迹作为童年的游戏场所，并将之作为创作活动的原点。他就是矢延宪司。六岁时搬到大阪府茨城县的新市镇后，也因此走进了就在附近的世博会会场和千里中央地区。

矢延生于 1965 年，正是千里新市镇开始有人进住的时候。同一年，《新建筑》杂志也以大篇幅报道了这整个计划，接着在 1970 年开幕的世博会也即将完工。因此可以说，矢延宪司、千里新市镇与大阪世博会这三者，几乎是同时代的"产物"。

进入 21 世纪之后，他开始走向千里新市镇市中心以外的地方，例如在公园、附近的中心和居住区等地方走动，并因此产生了这样的想法："这里就像是切尔诺贝利周边的街道一般。"对矢延来说，切尔诺贝利是世界上最糟糕的核事故发生地，他曾在 1997 年穿着防核辐射衣，独自步行在切尔诺贝利废墟中，完成了名为"Atom Suit"的系列作品。

为什么会将千里新市镇比拟为切尔诺贝利呢？这是因为切尔诺贝利在1971 年建造核电厂一号炉后，就成为未来能源的生产工厂，由于场内需要相当多的从业人员，因此周围也因劳动者剧增而发展成了都市。同时，当时的苏联也以计划性集合住宅以及都市建设闻名，让"计划"这个近代概念被彻底发挥，这就是切尔诺贝利和千里新市镇的共同点吧。

千里新市镇是 1957 年开始策划、1960 年建成的日本最早的大规模新市镇。郊外的丘陵地上是可供 15 万人居住。由于没有过去既存街道的束缚，因而其成为尝试近代都市计划手法的绝佳场地，并且也进行了跨越土木、建筑、造园各个领域门槛的共同工程。如果细读当时的资料，就能感到技术报告的背后，有一种不受外部声音所干扰，尽情地计划着乌托邦的乐趣。

那么，千里新市镇有什么样的新鲜尝试呢？

首先，它运用了近邻住区理论，以学区作为居住的单位，利用阶层结构来进行组织。十二个住区中心分别安置一所国民小学，而位于两住区中间边界地带共设置六所国民中学；外围地区则分散设立了三所高级中学。同时，因为幼童才是都市计划的根本，因此也尝试融合国民小学的低年级与幼儿园这种实验性质的教育形式。另外，为了达到人车分离，排除了需要通过马路的跨越性交通，加入地下通道的住宅配置。千里中央车站直通大厅广场，可以看见两侧林立的商店。横滨的港区未来站中，从月台上就可以看见上部商业空间的崭新设计，其原型在千里新市镇中就已经存在了。住宅区则没有采用平行配置，而是导入促进交流的线圈型住宅配置。然而由于日本人对住宅的南向信仰已经根深蒂固，因此，千里之后的高藏寺、多摩、筑波等新城镇中，增加了许多平行配置的住宅。而相对于这种平行配置，再度尝试线圈型配置是在 20 世纪 90 年代开始动工的幕张湾城。顺便一提，千里中央地区中心也是日本最早开始采用高效率的地域冷暖房设计之场所。

因为实现了高度的现代主义式都市计划，千里新市镇也被现代建筑遗产保护理事会选入日本重要近代建筑名单中。以未来集合住宅群来说，汇聚了格罗皮乌斯、阿尔瓦·阿尔托、尼迈耶等现代主义巨匠的 1957 年柏林国际建筑展大概就是先驱吧，从当时完工的新闻影像中可以看见，从附近车站的缆车朝向会场所看见的 Interbau，就宛如世博会一样，以未来都市建筑博览会的姿态登场。这是面向东柏林的西柏林展示橱窗，面对着东柏林代表古典主义的大道，西柏林则展示着未来的生活。

当然，千里新市镇也引起不少批判声音，如"连打个小钢珠的地方也没有"等。不久后完工的休闲中心千里 SELCY，也是一栋具有立体复层广场的未来性设计。另外，除了计划中的商业设施之外，露天商店街也早早登场。国民小学的整合，以及新市镇老化等各种情况与其他新市镇相比，千里新市镇确实是最具代表性的例子。不过这个新市镇也渐渐地朝向"高龄化"发展。

大阪世博会与千里新市镇是如同双胞胎一样的未来都市，它们都是计划时代所带来的设计。其中一个（大阪世博会）已经几乎消失了，但另一个（千里新市镇）却仍继续在 21 世纪这个相对于当时的"未来"中存在着。在与矢延宪司的对话中，谈到了"千里新市镇没有成为荒凉废墟风景的原因究竟是什么？"这样的话题，走在这里的街道上，会发现不管到哪里，抬头就能看见太阳之塔。或许那已经成为某种支撑人们内心的力量。当时谁也没想到，就像试图弥补新市镇不足的象征性一般，太阳之塔就这样在世博会纪念公园中持续留存了下来。

梦幻的电气迷宫登陆日本

2002 年，以德国 ZKM 所举办的 Iconoclash 展为契机，矶崎新的"电气迷宫"相隔 34 年后再度制作。同年，道顿崛刚好也在 KPO KIRIN Plaza 举办大阪的十五周年纪念展"EXPOSE 2002 —— 朝往梦的彼方"。这也让几乎成为传说的"电气迷宫"装置终于首次在日本公开。

这次的展出基本上仍是根据其最初概念，但以新的废墟影像为素材，追加了 911 事件纽约世贸中心的遗迹风景，以及宫本陆司摄影的阪神大地震影像等。"电气迷宫"这个作品原本就是嘲讽在近代化中努力达致经济高度成长期的日本的时间迷宫，而随着再制作的时代条件不同，因此也出现了泡沫经济崩解之后，生活在紧缩未来的日本形象，而"21 世纪是从纽约世贸中心的瓦砾中开始"的这个事实，也使"电气迷宫"成为带有预言性的作品。

美术评论家椹木野衣企划的"EXPOSE 2002"展中的核心概念正是大

阪世博会时所想象的未来 —— 21 世纪，为了试着从中再次思考大阪世博会，也找来矢延宪司作为另一位参展者。在与矶崎新的联展中，矢延宪司制作了机器人雕刻（Viva Riva Project-New Deme）来向幼时经历过的废墟世博会致敬。这个作品，实际上是取自太阳之塔以及 Deme（大阪世博会祭典广场上的机器人之一）造型的各一部分来进行创作。而制作祭典广场上机器人 Deme 的，正是矶崎新。时代不同的两位大师，便如此以世博会作为连接相互邂逅了。1931 年出生的矶崎新，与 1965 年出生的矢延宪司，刚好相差 34 岁，而恰好就在矢延宪司参加这个展览时的年纪（2002 年为 37 岁），矶崎新已经制作了"电气迷宫"（1968 年，矶崎新 37 岁）——这也是两人之间让人感到不可思议的缘分。

第 2 章 未来的两张面孔

2.1 孩子们已经看见的未来

在大阪世博会的会展中，放眼望去尽是被父母拉着手带出门的小孩们 —— 而我自己也曾是那些孩子们中的一个。在那里映入眼帘的，是提早一步被实现的未来都市。然而世博会会场并非是孩子们第一次以闪耀着快乐光芒的眼神看着那样的世界。这些孩子们早就已经从少年读物以及漫画中，大量地看到了未来都市的各种意象。

例如担任大阪世博会主题馆副制作人的科幻作家小松左京，早已于 1968 年发表了《空中都市 008 —— 青空市的故事》。这本少年科幻小说在 1969 年到 1970 年间也曾经被制作成儿童节目在 NHK 播放，颇受日本孩童喜爱。

小说的一开头，主角大原星夫准备要从郊外的一间独栋房屋搬到空中都市去，而搬的方法是用牵引机运送整栋房屋，并在五十层楼高的大厦下方，用起重机把房屋往上吊高至 36 层楼的地方固定住。

针对这个超高大厦的描述中提到它"有着如同旋转螺栓般的造型"，其实就是黑川纪章以《东京计划 1961》发表的 HELIX 计划的一部分（在小说中的注释中提及），因此也可以说是实现了黑川在 1972 年完成的中银胶囊大楼这栋所谓"胶囊建筑"思维的产物。

随着故事进行，在《空中都市 008》中介绍了各式各样的未来技术，如自动步道、空气动力车、巨蛋都市、超高层大楼、运输滑送道等。小松左京在注释中，将这些东西解释为"各种试作品""模型实验的成功"，因此读了故事的孩子们，可能早就理所当然地认为这些未来技术在不久的将来就会被实现吧。

2.2 被图解的未来城市

而更具影响力的是以少年为主要读者的漫画杂志。在大阪世博会开始之前的十年间，是日本漫画的兴盛时期。1959 年《周刊少年 SUNDAY》《周刊少年 MAGAZINE》这些受欢迎的周刊漫画杂志相继创刊，之后《周刊少年 JUMP》《周刊少年 CHAMPION》等这些至今仍持续发刊的漫画杂志也陆续创刊发行。横山光辉、石森章太郎、藤子不二雄、松本零士等科幻漫画家们就以这些杂志为舞台活跃其中。此外，领导这股潮流的，还有漫画界的巨人手塚治虫。他的作品《原子小金刚》（1952—1968）被拍成电视卡通（1963—1966），相当受欢迎。其中所描绘的未来都市形象更让孩子们留下深刻印象。

的确，《原子小金刚》里到处都是延续现代主义设计的超高层大楼群。只是，这些超高层大楼群多半是作为背景存在，并没有对"未来都市最终会走向何处？"这问题做出积极回应。

不只是少年漫画，手塚治虫的漫画中，也有描绘未来都市面貌的部分，例如《火鸟未来篇》（1967—1968）中有着年老的地球人在封闭的地下都市生活的场景；而相对于此，《原子小金刚》中虽然经常出现机器人、电脑、光线枪、飞碟等未来技术，但很少直接以都市作为主题。其他作家受欢迎的作品情况也是一样，20 世纪 60 年代的少年科幻漫画探求未来都市的程度，似乎不如预期。

倘若如此，那么又是什么在 20 世纪 60 年代的孩子们心中深植了未来都市的图像呢？正是杂志的图解彩页，像是《我们》（讲谈社出版）、《周刊少年 MAGAZINE》（讲谈社）、《少年》（光文社）等少年杂志中，都有结合科幻漫画的图解页，在这些页面中以短文辅以插画，介绍了各种与未来都市有关的，或在未来都市中使用的未来技术等。

而画这些插图的正是小松崎茂、中岛章作、伊藤展安这些画家。小松崎茂是在漫画尚未流行前，以绘本为形式发表作品的创作者，后来因为市场被漫画所占据而导致工作锐减，因而开始接受一些组合模型的盒装彩绘工作。而中岛章作、伊藤展安则是各自在插画领域中活跃的插画家。

他们的插图，以完全不同于漫画的写实风格描绘了"应当到来的未来都市"图像。像是以空桥连接的超高层大楼群，将大楼缝合起来的软管道路，还有空气动力车与直升机、巨蛋都市与海上都市等。这些插图经常混着海外科幻杂志与建筑师的绘图，让读者不知道哪部分才是原创的东西，而孩子们就是根据这些插图，建立了对未来都市的既定印象。

2.3 科幻作品与都市计划的共时性

当然，见到未来都市的并非只有孩子们。

1959 年日本首发的科幻定期杂志 *S-F MAGAZINE* 在早川书房创刊，该刊的总编福岛正实，是以"能让大人也乐在其中的高尚文艺文类"为定位来推广科幻类型创作而创办杂志的。尽管这波普及推广中经历了各种辛苦，但终于在 1960 年前后带来宇宙开发的竞逐风潮，这股风潮的结果是，科幻类型成功地进入成人读者市场。

就在这个时期，建筑师们以大胆的想象力，密集发表了巨型结构的未来都市设计，如先前提到黑川纪章的"HELIX 计划"也是其中之一。代谢派的其他成员，像是菊竹清训的"海上都市"（1959—1960），大高正人的"东京海上都市"以外，包括丹下健三的"东京计划 1960"（1961），矶崎新的"空中都市"（1960）等计划都属于此类。

建筑师们将注目焦点转向未来都市，与科幻作品文本的兴盛风潮几乎是同一个时期，这个时间点的重叠并非偶然，而是因为对未来的强烈关心，一方面就表现在都市设计上，另一方面则以科幻类型的创作表现出来。

实际上，当时爱读科幻作品的建筑师并不少，而且科幻创作者们也对当时建筑师们热衷提出的未来都市计划高度关注。在 *S-F MAGAZINE* 的创刊 2 号中，建筑师大高正人发表了"海上都市东京"这篇文章，亲自介绍了"东京海上都市"。由此可见，科幻创作的兴盛以及"未来都市"关心度的提高是在同一个层面上发生的。

在日本观察到的这种存在于科幻文本与都市计划之间的关联性，其实在作为科幻文本大本营的美国也有相同的状况。美国早在 1950 年，就已经开始了科幻创作的风潮。阿西莫夫（Isaac Asimov）、海因莱因（Robert Anson Heinlein）、布莱伯利（Ray Bradbury）这些科幻巨匠们的代表作相继诞生，科幻文本不论是品质或数量上都一度迎向高峰期。另一方面在建筑界，包括赖特设计的"英里大厦"（1956）、路易斯·康的"城市塔"（1957）等，有名的建筑师们也都在同个时期发表各种未来都市的巨大建筑计划——在这里也不难推敲出科幻作品与都市计划的共时性。

那么，在这些科幻作品中，又如何描述未来都市呢？接下来的章节中，我们一起看看具体的实例。

2.4 封闭在巨蛋都市中

一如往常，捷运（Express Way）上挤满了群众。没有座位的人站在下层，享有特权座位的人则在上层。人潮陆续离开捷运，走过低速段后，有些人改搭每站都停的区间带，有些人则上了月台，往下穿过拱道或往上越过桥梁，进入无尽迷宫般的城区当中。

阿西莫夫的机器人科幻经典《钢铁都市》（1954 年出版），生动地描写了以大规模的移动步道系统将各地联系在一起的崭新纽约。小说中由于人口增加而使都市文明产生了激烈变动，也实现了所谓的高密度都市。在被巨大穹顶覆盖的都市里，约有 2000 万人生活其中。当时地球的人口数已达 80 亿，因此正开始朝地球以外的星球进行移民。

故事的主角以利亚·贝莱如此批判着"过去的"都市：想想看，十万个家庭分住十万座房屋，和一个含有十万单位的社区相比，何者更有经济效益？每个家庭各有一套胶卷书，和整个社区有全部的胶卷书相比呢？每户各自拥有一套视听设备，和整个社区装设中央视听系统相比又如何？ 比较它们之间的差异，就能明白何者的经济效益低落。

不仅是巨大的集合住宅，有如网络般的信息设备、互动型影音系统等未来技术，都在小说中逐一登场。人口增加促进了都市高效率化，从小说中可以看出，阿西莫夫认为是技术革新实现了这种高效率化。主角也在故事中这样提到："这个城市才是人类文明达到极致的见证！"

由穹顶覆盖的巨蛋都市的价值在于能够预防台风等自然气象灾害，不会受到雨或雪等天气变化的影响，能够有效率地运作空调，防止住民被有害光线或大气污染所伤害等。

为了达成这个目的，建筑师也提出各种巨蛋都市的概念提案，如奥托（Frei Otto）提出在北极露天挖掘的矿山上搭盖居住都市（1953），或是富勒提出穹顶覆盖整个曼哈顿的计划（1960）等。尽管目前尚未实现真正由穹顶覆盖的都市，但富勒所设计的蒙特利尔世博会、美国馆（1967）、大谷幸夫在大阪世博会所设计的住友童话馆（1970）等，都是这种巨蛋都市的缩影。

在小说《钢铁都市》中，都市内的居民都居住在穹顶之下，闭不出户，出到穹顶外面对他们来说是相当恐怖的事情。对巨蛋都市的描绘在此后的科幻文本中也不断出现，同时，与《钢铁都市》一样，将之视为一种闭锁社会的描述也开始变多。

美国作家毕晓普（Michael Bishop）曾经撰写过名为《亚特兰大都市》

（图 8）的系列小说，如 *A Little Knowledge*、*Catacomb Years*。这系列故事所描绘的 21 世纪美国，已经不再是联邦（united states）的形式，过去的大都市被各个穹顶所覆盖，成为一个个各自孤立的国家。居住在里面的人们认为只要出到穹顶外面就会遭受污染，因此没有人想出去。在这个社会中流行的是一种在穹顶内部像攀岩一样的攀登运动。

在电影中也有像《2003 年未来的旅程》这样的作品，描写了人类从环境污染中逃走而居住在巨蛋都市中的故事。巨蛋内是由管状交通系统所连接的未来都市，也是一个认可自由性爱、类似于乌托邦一样的地方。然而为了人口调节，在这个都市中，人只要一到三十岁就会被处死，不能接受这条规则的人就成了逃亡者。主角与反抗组织的成员们一起逃亡到巨蛋外面，才发现巨蛋外其实是可以居住的地方，也在那里遇见了与自己同样的人类，受到相当大的震撼。

2.5 住在巨大居所里的人们

本章主要从 20 世纪 50 年代至 60 年代间所出版的科幻作品中进行取材。为何那个时代的作家们，都以都市作为创作主题呢？这是因为当时人口急剧增长的社会背景。

1961 年，世界人口超过 30 亿，形成了所谓"人口爆炸"的问题现象。如果照这种速度继续增加人口的话，都市或建筑将会变成什么样呢？这样的提问让科幻作家们发挥了想象力，深入思考了这个问题。

例如，J·G·巴拉德的短篇小说《至福一兆》的社会背景，即是在世界总人口达到 200 亿，其中 95％居住在都市之中设置的。街道都是人潮满溢的情况，十字路口因为拥塞而造成交通瘫痪。其中，在最令人烦恼的住宅问题上，一个人平均可居住面积被严格规定为 4 平方米。即使有访客，也只能在床沿边并肩坐着。故事中，主角搬到位于楼梯空隙的出租屋，那里因为有楼梯里侧的空间，因此楼地板面积比标准稍微多了 0.5 平方米。"如果是这样的话就能放椅子，即使有访客来也不会脖子痛了。"正当主角这么想的时候，管理员发现了，便以"这个房间是二人房"为由，将主角赶出去了。

而巴拉德的另一部作品《大建设》中，主角居住在名为"KNI"的都市中。那里是 1000 层楼高、面积 16 000 平方米、有 3000 万人居住的地方。这个郡所的第 493 号地区，共含有 250 个郡，而包含第 493 地区在内的 1500 个地区则形成编号第 298 号的都市联合体。在这个世界中，都市可以往上下左右各个方向无限延伸，故事的主角深信在某处必然存在着不属于都市空间的"自由空间"，并为此努力寻找。

随着都市扩大、合并邻近的都市，就会形成巨大的带状都市地域，这就是所谓的"巨型都会"（megalopolis）。在 20 世纪 60 年代美国介于波士顿、华盛顿特区之间的区域，或是日本的东京、大阪之间的地带，都曾被认为是这种巨型都会空间的实现。都市计划设计的多夏狄斯于 1967 年将"整个世界被同一个带状都市所覆盖的状态"的构想命名为"世界都市"，但这之前，这个极端巨大的都市身影已经被小说家巴拉德在《大建筑》这个作品中以寓言的方式描述过了。

在描述世界人口爆炸、巨型结构住宅登场的科幻小说中，席维伯格所写的《内里的世界》相当有意思（图 9）。小说中出现的"都市单子"，是位于都市中心周围地区的千层大楼，会让人联想到英国建筑电讯或日本代谢派的巨大都市计划。整体可供 88 万人居住的都市单子中，其内部四十层楼分别以"上海""芝加哥"等都市名称来命名。原本是都市之中容纳着建筑物的情况，在这里反而逆转成建筑物楼层里容纳着都市的现象。

故事主角生活在名为"上海"的第 799 层里，这里有 120 个家族、共805 人在此生活。90 平方米的家里有六至七人生活着。在这种超高居住密度中，住民们几乎毫无隐私可言，与他人共躺在同一张床上睡觉成为理所当然的事情。

若谈到日本的科幻作品，就不得不提到光濑龙的代表作《百亿之昼与千亿之夜》，描绘了遥远未来的地下都市 Zenzen city，那里矗立着玻璃帷幕的超高层大楼，有着与外界隔绝的广阔内部空间：选择单间（compartment）是比较合适的，附有直径约 1 米的圆盖，就好像公墓一样。上下共有多少阶梯呢？四周延伸出去究竟有多大都无法测量。

这段描述很容易就让人联想起代谢派建筑师黑川纪章所提出的胶囊建筑。居住在 Zenzen City 里的人们，闭锁在小小的房间里生活着，最后造访这个都市的主角试图打开闭锁的门，但开门的那一瞬间却也同时死去。令人惊讶的是，在此处生活的人们似乎全部都共同感受到了死者的苦痛 —— 因为他们正是作为群体，如此生活下去。

在 Zenzen City 中，一边将老旧部分舍弃淘汰，让其整体能继续使用的这种胶囊建筑手法，与在此处生活着的居民的人性同步运作。光濑龙以科幻小说的手法继续追寻着"未来都市如何使人类改变"这个主题，并以小说的形式展现出来。

2.6 成为废墟的都市

将现下的问题安插入未来时空的科幻文本中，对未来的描绘经常让人感受到灰暗，若将此推到极致便是描写成为废墟的未来都市。1950—1960 年的科幻作品意外地很多属于这样的类型。

例如艾德蒙·汉弥顿的 *City At World's End*（1951）中，描述了美国某个小城因为受到核子实验的影响，而在街道中发生了时空穿越，居民们穿越到遥远未来的冰冻地球上后发现了以穹顶笼罩的巨蛋都市。然而，这个以令人惊讶的科技所造就的巨大未来都市里，却连一个人也没有，是一个废弃的都市。在克利福德·唐纳德·西马克（Clifford Donald Simak）的连续短篇《都市》（1952）中（图 10），都市则被看成是人类文明的象征，但故事中取代人类、支配文明的狗族却舍弃了都市。

这个时代，也有不少建筑师关注着成为废墟的都市。例如矶崎新的"孵化过程"中（1960），便以向空中伸展的巨型结构与石造建筑的废墟影像相互重叠。矶崎新表示自己当时非常着迷于科幻小说，因此没有完全被乐观的未来主义所浸透。

到大阪世博会为止前的这十几年间，可以被总括为万能科学技术使人们相信着玫瑰色幸福未来的时期，但是，这绝非百分之百的乐观主义。无论是闪亮动人的技术乌托邦或是荒芜的废墟，在科幻小说或建筑业中都能看见这两张截然不同的面孔。

第 3 章　对于东京的想象力

3.1　从丹下健三到黑川纪章

东京计划 1960 的冲击

1961 年丹下健三研究室所发表的"东京计划 1960"（图 11），以其缜密的调查、大胆的构想与视觉性的冲击，在建筑师们提出的都市计划历史中成为重要的里程碑。特别是那张在东京湾内线状人工地基延伸计划的俯瞰图令人难忘。如果只就设计来说，菊竹清训与英国的建筑电讯都相当有名，但与丹下这个提案相比的话，几乎只能算是孩童的涂鸦程度罢了。当然两者给人的印象都相当强烈，但"东京计划 1960"却是包含着"未来"的庞大计划。

相反的，希腊城市规划师多夏狄斯虽然也从地球规模的角度针对人口膨胀的时代而发展出都市论，但却没有像丹下那样明快的视觉图像。

研究生时期的矶崎新与黑川纪章也加入其中，"东京计划 1960"是集结了东京大学的优秀学生们，进行了称之为"丹下研究室总力战"也不为过的高密度计划。尽管现在 21 世纪的日本所面临的是人口不断减少的危机，但在 20 世纪 60 年代却相反地有着人口压倒性增加的社会问题。为了容纳这些增加的人口，这个计划提出将东京的土地拓展到海上人工建地的构想，并由矶崎设计建造位于空中，以自由连接系统连接办公街及居住楼等区块的巨型结构。相对于之前提过的空中都市，"东京计划 1960"主要是寻求海上的出路。在当时，也有其他如日本住宅公团总裁加纳久朗所倡导的，利用核爆来崩坏锯山，以之填平东京湾的"新首都建设"（1958）计划，以及冈本太郎的"休憩之岛"计划（1957）等这些既有的构想（丹下健三、藤森照信

《丹下健三》，新建筑社出版）。

　　然而不只是建筑，"东京计划 1960"对手机的出现以及各种高机动性的生活方式的预言，也触及了信息化社会以及传播通信议题，是位于时代尖端的都市计划。而针对汽车普及、即将到来的"车社会"（motorization）时代，则有黑川纪章负责规划称为"循环运输系统"的新交通计划。这个交通计划是对付三种不同行动速度的三层式构造，将大量输送的大众交通系统与个人移动道路整合在同一个系统中，并能够连接各地区环状道路的运输系统。

　　计划中最重要的，莫过于丹下健三所偏好的轴线都市设计。丹下认为，具有自给自足性格的向心型、放射状模式的都市，一旦动线回到都市中心，要继续往各方向前进时，就会造成交通混乱，同时都市成长也会受到限制。因此，在"东京计划 1960"中，他倡导一种打开的线型、平行射状系统，其概念是"不将都市构造固定下来，就像是不断成长的有机脊椎动物一样"。

　　在广岛和平纪念资料馆（1952）的设计中，丹下健三尝试以一条力道强劲的中轴线连接复数设施。这种试图用都市尺度来设定的空间设计概念，在"东京计划 1960"中也延续了下来。这个计划引起了相当大的回响。而后也在丹下的著作《日本列岛的将来像》（讲谈社现代新书，1966）中发表了将国土论再进而扩张，透过都市圈相互连接而形成带状东海道大都会的设想。这个想法否定了向心构造，转而追求将都市轴线扩张，使之最终成为贯穿日本的动脉。在这之后，丹下也发表了在东京湾上制造数个人工岛的"东京计划 1986"（1966）。

代谢派（Metabolism）的视角

　　接着介绍一下代谢派与其相关的建筑师们所提出的东京计划。

　　黑川纪章的"新东京计划 —— 五十年后的东京"（1959）是一个模拟将双手双脚张开的人体的都市计划，其中描绘了作为都市轴线宽达 300 米，并朝向海洋的东京大道（Tokyo Boulevard），以及两旁林立的超高层大楼景象。大高正人的"东京海上都市"（1959）则是在东京湾中以环状填海造地，造出以 C 字形连续、宽约 1000 米的工业区带。矶崎新与曾根幸一的"新宿计划"（1960）则是配合当时"大楼高度不得高于 31 米"的限高规定，透过名为"JOINT CORE"的系统，在空中自由连接各建筑上部的都市提案。槙文彦与大高正人的群造型计划（1960），则是把淀桥净水厂遗迹的区域都包含进来，在横跨车站的东西两侧设置人工土地，他们不以整体来决定部分，而是倡导"将作为个别集聚地的既存街道缝合"的概念方向，这样的手法与槙文彦所设计的位于代官山的"Hillside Terrace Complex"方案也有相通之处，而大谷幸夫的"粣町计划（1961）"则尝试以居住的空间单位来重新编造街道。

终极的都市设计

若要说有哪一位建筑师是一生致力于提出东京计划，那就是黑川纪章。他在"东京计划 1961 —— HELIX 计划"中，设计出以双重螺旋形式展开的巨型结构体。1987 年发表的"东京计划 2025"（图 12），则是以能 24 小时活动的信息都市为基底，将东京湾打造成 500 万人居住的新岛，并在此建造新的国会议事堂，同时也描绘了在既存的东京中以超高层大楼和环状运河构成双重连接，到这个计划提案为止，针对东京湾的填埋造地计划已经有很多，但"东京计划 2025"的最重要特征，是大胆地将水路也考虑进来。

他在 2007 年过世之前，还参选了东京都知事。虽然给人稍微唐突的印象，不过媒体对他的表现与宛如"富豪刑事"角色的独特性印象深刻，也针对这位特立独行的世界级建筑师做了各种富饶兴味的报道 —— 尽管它们本来应该针对的是都市问题的讨论。这放在都市论的脉络中来说，也算是意味深长的行动。在海外，也有建筑评论家马西莫·卡奇亚里（Massimo Cacciari）担任威尼斯市长的前例，但在日本像黑川这样的例子还相当少见。

2006 年，日本国内在讨论申办 2016 年奥林匹克运动会时，应该是一个得以讨论各都市未来发展问题的机会，但遗憾的是媒体不断地将之简化成石原慎太郎都知事与福冈市长山崎广太郎双方个人性格对决的八卦报道。在建筑师这边也演变成安藤忠雄（作为东京申奥总策划）以及矶崎新（福冈市申奥总策划）之间的对决。因此，2007 年黑川纪章参选东京都知事的行动，也可以被视为是在"都市设计战场"上的出征。当然，有周刊报道提到，可能由于东京奥运计划是委托给安藤忠雄的，因此黑川对自己作为建筑师却被置于事外而感到非常不快，进而反对申奥，或许也有这样的因素。只是若阅读黑川一系列的著作以及访谈，就会发现他对东京的"单一中心集中化"，或是成为投机对象的"都心再开发计划"等，原本就打从心底无法认同。

同年 3 月 5 日，黑川发表的竞选演讲中，也提及东京作为首都的功能的部分转移，促进首都绿化，以及以缩小政策为基础的集约都市政策。这同时也是对石原提出持续追加扩大资本投入，对日益膨胀的东京中心主义提出质疑。黑川也提到了文化建筑的保存问题，在这里或许也有希望自己的代表作，有着存在危机的"中银胶囊大楼"能够继续留存的感情。而他的参选则让这些问题再次浮上水面。另外，在声明中，黑川也倡导将以市中心为中心的放射状结构转换为非中心的环状都市结构，这当然并非是一时奇想或是晚年的糊涂，而是持续地延续了他从 1960 年就开始的主张。

过去东京都知事铃木俊一与丹下健三的合作关系是众所周知的，两人从大阪世博会到新宿的东京都厅舍建设为止一直持续合作，以政治与建筑的紧密关系建构了东京都市风景。然而黑川并没有这样的伙伴 —— 因为当时的东京都知事石原慎太郎将东京奥林匹克计划委托给了安藤忠雄。这么一来，作为最终极都市计划的都知事参选，或许也免不了有球员兼教练之嫌。不过黑川也在声明中表示了，若是当选都知事，黑川事务所将不接受都内建设委托设计，后继将由其他建筑师来分包工作，自己成为"超（meta–）建筑师"的都知事。

3.2　20 世纪 70 年代以来的东京计划

乌托邦的衰退

20 世纪 70 年代以后，建筑师们所提出的乌托邦式都市计划急遽减少，矶崎新谈及这点时，认为这是一种"从都市撤退"的现象。当然，20 世纪 70 年代两次石油危机带来的不景气也是重要原因之一。结果，日本的都市设计并没有托付给建筑师。像是位于新宿西口的超高层大楼之类的设计案，实际上几乎都委托给了大型设计组织或综合工程承包商。

20 世纪 70 年代以后提出的东京计划，包含吉阪隆正、武基雄所提出的"东京再造计划"（1970），承接了之前提出的首都移转概念，是企图将山手线的内侧作为"昭和之森"进行绿化的提案。接着，尾岛俊雄的"下町曼哈顿构想"（1984）则是在江东三角洲地带建造超高层大楼，让首都市中心的夜间人口回流。20 世纪 90 年代艺术家荒川修作提出了在临海打造非直线、刺激身体的"宿命反转都市"空间。而宇野求与冈河贡的东京计划 2001(1997—2001)则关注湾岸地方，并提出类似套房摩天大楼（one-room skyscraper）等新颖的集合住宅形式。

另一个东京都政府大楼

在西新宿的高层大楼群中，最引人注目的就是东京都政府大楼（1990）。

两座巨大的高塔使人联想起巴黎圣母院的轮廓，看起来就像是为东京而建造的墓碑。这是现代主义巨匠丹下健三朝后现代转型的设计。

这个建筑虽然在设计之初就因成本问题而引起极大争论，在媒体上引起众多争议，现在却成为东京的知名地标。笔者经常从非建筑专业者处听到像是"觉得东京都政府大楼怎么样呢？"这样的提问，也就是说，不论喜欢与否，东京都政府大楼都已经是知名度相当高的建筑。这也让笔者想起另一件梦幻的都厅舍设计作品，那是矶崎新在 1985 年的东京都政府大楼竞标中提出的落选案（图 13）。它提出了与现存的都厅舍截然不同的概念。

东京都政府大楼的设计竞标除了丹下健三以及其门生矶崎新之外，还有日本设计与山下设计等，合计九个团队获得了参与竞标的资格。即使现在再次审视这些设计案，丹下与矶崎的这两个案子仍旧与众不同：丹下的入选案是最具象征意义的造型，或许也因为如此，市民与媒体的接受度并不大。而另一方面，矶崎的方案是唯一没有采用超高层大楼的设计案，而是宛如大型长方箱子横躺着的建筑。参照竞标要点，会发现超高层大楼是竞标案的必备条件，然而矶崎新却否定这个重要条件，从根本上质疑了"市政厅（City Hall）的意义。他认为市政厅建筑并不是要在高度上与其他建筑物竞争，而是必须以建筑内在是否能拥有宽敞的广场空间为优先考量，因为"City Hall"这个词汇在根源上的意义是能够收容全市民的大广场，也就是说，比起权威的纪念碑式建筑，矶崎更希望能打造一个开放性的公共空间。此外矶崎的东京都政府大楼案因为是长型建造物，横向截断了公共道路而违反规定，也因此更加清楚地凸显他想提出的公共性问题。

之前在接受笔者面访时，矶崎曾经提出："不是应该将建筑视为室内化的广场吗？所需'市政厅建筑'，应该以能将市民全部集合起来的大圣堂为必要条件"的想法。即，如果说丹下所完成的东京都政府大楼是模仿大圣堂的形态，矶崎参照的则是大圣堂的空间。同时矶崎也做了这样的心情告白："从 1969 年新宿西口的历史记忆中，希望发展出一个不管是什么样的市民都能够自由进出的公共场所。"

这个梦幻东京都政府大楼在办公室空间上的设计也相当有趣。矶崎认为，在超高层大楼中，不同目的地之间交通都必须使用垂直移动手段，很容易引起交通混乱，造成效率低下。他在旧政府大厅中调查了文书流通与会议交流的经验。结论是认为必须采用不同的系统，才能在政府大楼建筑里获得更有效的运作，而复杂的横向网络可能达到的功能性，是超高层大楼所无法企及的。

矶崎的设计案拥有相当引人注目的外观：有屋顶上的球体（都议会场）、金字塔等，也有立方体（国际会议场）以及高尖塔。这些形态在说明中都注明源自于柏拉图的立体图像思考。荒俣宏则从天文学的观点来进行评论。他认为西新宿的安田火灾海上大楼是尖尖的火星，住友大楼凹凸不平的屋顶是水星，其他如四角的土星和棒状的木星也都在这个区块中一应俱全，只有圆形的金星要素不够。而矶崎设计案恰恰就具有金星型的要素，相当适合这个地区。同时，矶崎设计案自身就完整集合了五行的全部要素。

总而言之，如果东京都政府大楼是象征民主主义建筑的话，或许以投票来决定是最好的方式，然而，到 22 世纪的时候，恐怕连现存的东京都政府大楼都已经不复存在，对未来的人来说，确实不论以哪种方式来建造现在的东京都政府大楼都无所谓吧。而或许是因为预知了这样的未来，矶崎为他的东京都政府大楼设计竞标案制作了即使经过数百年仍能够确保存留的木造模型 —— 即使实际建造出来的东京都政府大楼建筑本身都已经消失不复存在，创意与想法却仍能永久存留下来。

3.3 回归绿色街道的东京

缩小？还是扩大？

最后，介绍一下 21 世纪以后的设计案。

与有着扩张企图的"东京计划 1960"相对照，东京大学教授建筑师大野秀敏的"纤维城市 2050"（图 14 ），是为人口减少与环境议题的时代拟定战略的都市计划。不同于过去不允许浪费、采用功能分区的"平面"思维，他采取如织品般的长条"线状"或纽带状的空间思维，试图对都市空间进行重新组织。大野秀敏表示，"纤维城市"的视角是从槇文彦得来的灵感。它并非是一个统括全体的总体计划，而是积极地捕捉东京原有的零碎特性，提出以下的方针：第一，"绿手指"，将郊区住宅集中在车站周围，形成集约都市之网络；第二，"绿带间隔"，将木造密集市街地用绿色防火墙分割成小区域；第三，"绿之网"，将首都高速公路的一部分转换为绿化道路；第四，"街道褶皱"，透过线的要素，在均质的都市之中锻造出极具场所性的褶皱。不依赖格状与轴线，而是织出像布一样柔软的城市构造。以永续为目的而采以缩小模式这点，与重视公共交通机关和步行者，根据既存市街地的活性化来创造都市再生的英国建筑师理查德·罗杰斯（Richard George Rogers）所提倡的集约都市之间具有共通性，不同的是大野秀敏是以线状纤维作为再生出东京特性的切入点。

　　另外，八束初则以提倡永续的集约都市的脉络，回到"东京计划1960"，并以五十年后的视角提出了"东京计划2010"（图15），描绘出全球化时代膨胀的都市未来像。大量移民流入，社会阶层激烈分化，带着狰狞面孔的全球化市场加速了资本的流通，并与科技结合，督促高楼大厦不断增生，这便是所谓的超代谢派（Hyper Metabolism）观点。然而，八束所提出的并非是光明乐观的乌托邦，而是在湾岸地区形成线状的巨型都市，并可能继生出超高密度都市。

建筑侦探的"东京计划2101"

　　从正中央折断的东京铁塔，倾斜的底部与折断朝下的尖塔整个泡在水里，这是被水淹没的东京。以填海造地扩张的东京海岸线逐渐撤退，剩下的土地则回归绿色世界，充满洞穴的原始建造物耸立其上。就像 Tama 乐团所唱的《再会了人类》那首歌一样，这是朝向退化的我们的未来世界。这也使人想起 1986 年上映的科幻电影《人猿星球》中，最后一幕中被地面埋住一半的自由女神像。

　　藤森照信提出的"东京计划2101"中（图16），展现出地球暖化现象持续恶化，导致海平面上升的 22 世纪姿态 —— 这是在 21 世纪初就已经开始想象的 22 世纪可能场景。而于"藤森建筑与路上观察"展展出的"东京计划 2107"中，则加入成为从中拦腰折断的东京铁塔模型。作为建筑史家或"建筑侦探"而被熟知的藤森照信，20 世纪 90 年代中期开始就以建筑师身份活跃地展开活动，然而他的东京计划之所以特别有趣，正是因为其中暗含了藤森的历史观。

在这个未来东京中，并没有敌托邦式的科幻场景，反而满溢着藤森式的幽默：白色木造的高楼大厦并列其中，将原本以钢、玻璃与混凝土构成的都市转化成木头的世界。根据藤森的说明，为了应对二氧化碳增加导致全球变暖现象恶化，我们应活用能够吸收二氧化碳的森林与珊瑚，因此以木头与珊瑚作为材料的话，就能成为建筑界对抗全球变暖的良方。这和选择宫崎骏的《风之谷》中对未来的想象有共通之处。

"东京计划 2107"本来是以"东京 2101"的名称来发布，很自然地让人联想到丹下健三的"东京计划 1960"。半世纪前所描绘的未来都市中，描绘了人口爆炸性增长，突出东京湾的巨型结构扩张景象，而藤森照信所描绘出来的图像却恰恰与此背道而驰 —— 并非让建筑进驻海上，而是让海再次侵蚀土地，就如同中沢新一的《热爱地球者》一样，带领读者再次回到地形具有重要意义的绳文时代风景。相对来说黑川纪章的"东京计划 2025"则同时带有双方面的意象：既在东京湾内建设人工岛，同时也兴建两条新的环状运河。

近年来的建筑师们因为畏惧批评而不再提出巨型的都市计划提案，然而喜欢观察路边小小的旧玩意儿的藤森，却以截然不同的思维轮廓继承了这项工作。

3.4 首都迁移论

迁都论的系谱

在 20 世纪 90 年代引起热烈讨论的"首都移转论"固然值得注目，然而住宅数量缺乏、交通堵塞等严重的都市问题早在 20 世纪 90 年代前已有相关的讨论。例如，1960 年都市社会学者矶村英一曾提出"富士山麓迁都"（将皇宫、国会移转至富士山麓），1964 年日本建设部部长河野一郎等人配合日本建设部联合发表了"新首都建设构想"（在静冈县浜名湖附近建设 1000 人左右的都市），1971 年户沼幸市与吉阪隆正也提出了"新首都北上京计划"（为了多极化分散，而在东北地区设置 250 万人的小都市），1987 年东海银行所提出的"名古屋迁都论"（在对经济有利的考量下采取既存都市并置的迁都论）与大都市问题 WG 提出的仙台重都构想（为了预防东京的重大灾害而在仙台设置第二首都）等。

塚田博康的《2001 年的东京》（岩波书店出版）中提到，实际上迁都论的发端是来自 1975 年 2 月超党派国会议员与知识分子们所发起的"新首都问题恳谈会"，由当时的国土厅长官金丸信担任会长，并提出了高达 55 万人、面积 8100 公顷、转移费用为 88 000 亿日元这样大规模的新首都构想，不过并没有什么进展。1988 年，以金丸信为会长继续发起了"关于首都功能移转调查会"。在 1990 年国会参众两院进行决议之前，国会议员中已经有 230 人是"新首都问题恳谈会"的会员。接着 1990 年 11 月在国会开设百周年所订立的未来目标中，确立了"相应于 21 世纪的政治·行政功能"这个议题的细纲。而 1987 年所成立的"第四次全国综合开发会议"中，亦将首都机能移转作为国土政策的重要课题。

接着稍微介绍一下支持首都移转论的论点：曾任职于通商产业省、经济企业厅的界屋太认为，以打造"最合适的工业社会"为目标的战期官导体制建立了日本社会的标准化，却也带来东京的过度集中化，因此创造出了"失去日本整体多样性可能，经济上来说效率低落的社会"。而这样的社会形态，自 20 世纪 80 年代以来，已经使东京在经济、生活、文化等各方面遭受极大损害。为了革新日本习以为常的诸多制度，各方提出了各式提案以解决东京问题，包括因为现实上无法做到而使事态恶化的"改都"提案，或者有扩大混乱之虞的"展都"方案（丹下健三与黑川纪章提出的在外观上过分虚荣的东京湾填海构想也包含在内），以及非现实性的"分都"等，界屋太一对这些提案加以批评的同时，也提倡相较于"迁都"规模较小的"新都建设计划"（《"新都"建设》，文艺春秋，1990）。他将这个新都设置在"日本列岛的中央"，一开始设置为 20 000 人居住的规模，并将既有的村町都纳入其中，以打造"优美的小型政府"。 这么一来，闲置下来的永田町以及霞关就能开启东京改造的道路，以 21 世纪世界都市的形象而繁荣起来。在界屋太一担任委员长主导的"新都建设问题特别委员会"里，安藤忠雄是唯一参与的建筑师。

日本政治家小泽一郎则继续跟进对东京过度集中的批判及推动地方分权，提出了"鼓励迁都"的意见（《日本改造计划》，讲谈社，1993）。这个提案的主张并非是以打造另一个东京为主，而是针对行政权过度集中于东京的现象，认为必须贯彻将行政权分散至地方的分权作法。这个概念不同于东京切除论，指出了"往地方的权力分散才是拯救东京的唯一道路"。

国会议事堂何去何从

那么，建筑师们的观点又是如何？尽管"迁都论"是都市问题，但倘若真的移转了国会，当然就需要建设新的国会议事堂。1910 年，建筑学会已经针对"日本将来的建筑样式应该如何"举办了历史性质的讨论会，包括伊东忠太、长野宇平治、佐野利器等知名建筑师都参与其中，也使这场会议成为日本近代建筑史教科书必定提及的知名事件。说起来，之所以召开这个讨论会，是辰野金吾为了要让建筑界介入政府推动的"新国会议事堂计划"，借由举办这场竞标比赛来推高声势。在当时，这个讨论会跨越世代藩篱，并集结了当时具影响力的建筑师以及建筑学者们一起参与，讨论共同关心的议题。像这种能够汇集大部分建筑师共同讨论的话题，现在已经不复存在。

特别值得一提的是，矶崎新在迁都论上略带反讽意味地表示，应该解除首都移转的 300 千米限制，在淡路岛成立新政府（《矶崎新的发想法》，王国社，1998）的想法。因为，如果把都市建立在岛上的话，都市肥大化的可能性也很低，也就能设置小型政府并促进地方分权。如果依循国土计划的构想，这里也是非常好的交通地点，这么一来或许也能算是赠送给阪神大地震复兴活动的礼物吧。另一方面，在《古事纪》里，淡路岛最初即是作为神话场所而存在，因此相信没有人会反对这样的提议。此外，矶崎新还提出了将皇宫迁回京都，将空下来的场所作为市民公园的想法。另外，因为阪神大地震的关系，任教于京都大学的竹山圣也发表了"神户新首都"计划（1995，*GAJAPAN* 十四号），将神户区分为中心地区、国际、文化、交流地区以及居住地区，作为 21 世纪的都市模型。

以数字建筑著称的渡边诚所设计的新国会议事堂，则是利用透明玻璃构成的塔状物以及软管接合，打造出不定型的建造物。这种对透明性的追求，让人联想到英国建筑师诺曼·福斯特（Norman Robert Foster）为柏林国会大厦设计的玻璃穹顶。同时，渡边诚还制作了国土厅简介手册，在简介的插图中，新国会议事堂被绿色风景所包围，以透明大巨蛋外观，以及内部置入的最新型的信息器材作为特征。这虽然并非是正式的设计图，从头到尾都只是想象的草稿，但却直接表现出了"被国民打开的政治、行政中心"这样的亲近与开放感。过去那种利用议事堂的厚重感表现出国家威信的想象，已经消失在现在这种强调政治透明性，减轻其存在感的绿色乌托邦之中了。

反首都移转

以首都功能移转为中心的 20 世纪 90 年代动向，我们将在此处做个总结。

1995 年"国会等移转调查会"将新首都界定为人口 60 万人，面积 9000 公顷的规模，报告书里记载第一阶段建造计划是将国会与中央官厅结合起来的国会都市（10 万人，2000 公顷），移转首都的后补地则设定为距离东京 60 千米以上 300 千米以下，从国际机场约四十分钟即可到达的场地。国会等移转审议会认为符合该条件的地点包含了宫城、茨城等共有十个场地，针对这些地点进而再以"新信息网络的对应性""土地顺利取得的可能性"等十六个项目进行评分，讨论结果于 1999 年 12 月在国会中关于首都机能移转报告与答辩时间中公布，将"栃木·福岛地区"与"岐阜·爱知地区"选定为正式的预定地。

其中，获得最低评价的"三重·畿央地区"，在该地自治会干部陈情后，被认为如果将高速交通网加以整顿的话，也许有机会成为后补地。"茨城地区"则表态支援"栃木·福岛地区"，期待双方能产生地域上的互补效应。如此选出符合的预定地，大概也有希望透过竞争原理，让议题讨论更加热烈的意图吧。

20 世纪 90 年代以来，东京的世界都市博览会与土木工程计划等，巨大的都市提案都因为媒体与市民运动而被迫中止。以反对而博得人气的东京都知事石原慎太郎也表明了其姿态。根据世论调查，东京市民对这类计划的反对比例是全体国民的一倍以上。

而就反对论的立场，大概可以列出以下几种说法：移转的设想太老旧。在现今这个信息化的时代，只讨论物理性移转是没有效果的，与其只是盖一个盒子，不如优先考虑地方分权与放宽管制。一旦少子化时代来临，东京的人口集中情况就会自然弱化，而这也会使东京魅力不再，同样失去了全球竞争力。

市川宏雄的《"NO"首都移转》（1999）便是相当典型的反对论：理

由是新首都不能带来钱，移转的经济负担便会直接转嫁到当地居民身上。东京本来就牵引着日本的经济，而东京的"混沌与无秩序"这个特征，便说明它仍处于都市的成长阶段，这也与"单一中心集中才具有经济能力"这个全球化都市论的论点有共通的认识。

　　针对东京单一中心集中的修正对策以及对行政改革的提早防备、国际化的对应等这些问题，只用财政观点来检视是不足够的。同时比起改造东京，或许更需要的是寻找相应的对策。当然，对于"为了提出21世纪的都市模型，首都移转是必要的吗？"这样的问题，空想不也极具价值吗？总之，倘若没有一个明确的观点，而单单只考量转移与否的话，将会造成很大的困扰。然而也没必要对21世纪的都市像全盘否定，因为世界上并没有千年王国，未来也不知道会有什么变化，对不同首都所在可能性的想象并非是无用的。教条主义式对移转的反对，就宛如连这样的思考都是罪恶一样，这也否定了可能性的开展，然而关于都市的思考，不该如此停滞不前。

在皇居盖美术馆吧

　　最后介绍艺术家彦坂尚嘉的"皇居美术馆空想计划"（《空想皇居美术馆》，朝日新闻出版，2010）（图17）。世界各地的知名都市中，观光客必定会参观如卢浮宫美术馆或大英博物馆等这类大型博物馆，但东京并没有这样的建筑物。因此，或许可以在皇居建造美术馆，收集日本国宝，并将各地古建筑移筑过来。虽然这只是天马行空的提案，但似乎很有意思。罗兰·巴特（Roland Barthes）曾经指出，在东京中心，皇居是作为一个空虚而存在着。不论哪个建筑师都不曾针对这个空间提出大胆的计划案，在这层意味上，皇居不只是一个物理上的空白之处，也是思考中的空白地带。彦坂尚嘉却向这个空白挑战：如果皇居作为美术馆对外开放，天皇迁回原来传统的京都御所，或许从近代延续以来的日本历史将会有所改变。

　　在笔者担任策展人的2007年里斯本建筑三年展中，日本区就邀请了彦坂尚嘉与建筑师新堀学合作，展示了"皇居美术馆"这个设计案。新堀学的设计案如下：巨大的美术馆沿着圆圈，横跨皇居外苑、东御苑与北之丸公园，然后朝面对着国会议事堂与国会图书馆的樱田濠扩张，仍然保持圆形。这么一来，最高法院的一部分就会被挖出一个圆形来——这是多么超现实主义的风景啊。换言之，这是使皇居中心的透明球体变得可见的设计，也让人明快地感受到这个一直没有被意识到的东京空虚中心，及其中所带有的看不见的力量，当然这个中心仍然是空白的。这也令人想起对矶崎新所设计的筑波中心大楼的讨论，有些人认为他排除日本古建筑，根据西方建筑的调查来进行设计，是企图对国家肖像进行批评。另一方面，浅田章也指出，罗兰·巴特所谈到反复出现的"空白中心"构造正是日本的欠缺，而新堀学的设计则将皇居空间问题的困难以表象呈现出来。

第 4 章 作为未来都市的东京

4.1 东京，曾经的未来都市

科技城（technopolis）与东京

1972 年公开放映的科幻电影《飞向太空》中，曾经拍摄了东京的首都高速公路上奔驰的车流，将之剪接在电影中，作为对未来都市的描绘。

虽然影片中大多是车在地下通道内奔跑的影像，但一出地面后的街景就能看出这是在赤坂见附与一之桥附近地区拍摄的画面。对于生活在东京的日本人来说，这是日常生活的风景（像"饭仓出口"这样的道路也会映入眼帘），可能完全没有未来城市的感觉，但以复杂的立体交叉影像捕捉的大量且整齐的汽车流动光景，在俄罗斯导演安德烈·塔科夫斯基的眼中，就是照映着未来的画面。

实际上塔科夫斯基在未来城市中使用首都高速公路是第二选择。《塔科夫斯基日记》（鸿英良等译）中提到，他本来是希望以 1970 年举行的大阪世博会会场作为拍摄未来都市的场景，然而因为许可证延期，到达日本时世博会已经闭幕，不得已才拍摄了东京的首都高速公路。

结果，这个电影以高度经济成长末期的现实东京为背景，在我们面前上演不同的科幻电影中所描写出来的未来都市。

以东京作为未来都市素材的外国电影，在这之后也不断出现。雷利·史考特导演的《银翼杀手》也是其中之一。作为电影背景的洛杉矶是到处耸立着巨大建筑，空气动力车到处飞行的未来都市，但同时又有被映着艺妓影像、挂着日语字幕的巨大屏幕广告完全覆盖了视野的杂乱街道。这样的都市景象，也让人感觉仿佛是身处在东京新宿的歌舞伎町。虽然描写的是未来的洛杉矶，却与如今的东京相互重叠了。

这种未来都市图像，是属于 20 世纪 80 年代科幻界一股被称为"赛博朋克（Cyberpunk）运动"的风潮。开启这个类型的科幻小说的便是威廉·吉布森的《神经漫游者》。其中，第一部《千叶市忧郁》中便有这样一句知名的开场白："海港与天空的颜色，就是与空频道合衬的电视的颜色"，而赛博朋克的故事就以千叶港口，也就是东京湾岸的风景作为起点，揭开序幕。即便是之后的作品，威廉·吉布森也不断地让日本或日本人出现在小说内容中。他给日本读者的信息便是："你们是活在未来的。"

《银翼杀手》以及赛博朋克的作家们都认为，东京才是最先进的都市。为何他们会如此一致地注目着东京呢？

其中之一的理由是，日本人被看成是拥有先进技术的代表，例如像TOYOTA 或 SONY 等日本公司，都以生产具有精密性能的优秀高科技产品著称， 而这些公司也被认为在未来的市场中很可能会称霸世界。

另一个理由则是东京不同于其他的欧美都市，有着缺乏统一感的混沌，而相对于亚洲其他地区，却又给人一种不可捉摸之感。因此，那之中好像有着会生成出某种创造的可能性。在现代主义支配的时代中，东京被认为是"混沌而完全无用之所"而受到蔑视。然而，在后现代主义众声喧哗的 20 世纪80 年代，则转变成"因充满混沌而有所趣味之处"——其混乱在不同的时代中得到了完全相反的评价。

与欧美人的视点并行，日本内部也开始出现察觉到东京之趣味的人。像是黄色魔术交响乐团（Yellow Magic Orchestra）的 *TECHNOPOLIS*（1979）与泽田研二的 *TOKIO*（1980）都是这个时代的流行歌曲。

20 世纪 70 年代的转折点，就在于从有着空中道路，干净的现代都市开始转为带着混杂，却充满活力的后现代都市，关于未来都市的意象开始产生大幅度的变化。并且，不论是现代都市或是后现代都市，都以东京作为想象的原型。关于《银翼杀手》以及赛博朋克的讨论，将稍后在第八章继续展开。

4.2　废墟蔓延的都市

混杂的未来都市推到极致后就成了被弃置的都市。

科幻类型小说或电影，经常将东京描绘成荒废的世界。例如永井豪从 1973 年到 1990 年为止虽数度中断，但仍然持续在漫画杂志上连载的《妖兽都市》便是其中的代表作。以已遭受破坏的文明社会受到肌肉猛男们暴力统治为背景的电影《动风飞车队》（Mad Max）（1979 年）以及其续集《纽约 1997》（1981 年），还有漫画《北斗星拳》等，从 20 世纪 70 年代末至 80 年代期间，有很多科幻作品都引用了东京作为未来都市意象，其中《妖兽都市》即是作为先驱的作品。

这个故事是以受到巨大破坏后的日本关东地区为舞台。一九七几年九月十日，发生了里氏规模 8.1 级、被称为"关东地狱地震"的地震。而后接连发生了火山爆发、地盘下陷，导致山崩地裂而使关东地区断成两半，房总半岛也与本州脱断而自成一个岛屿，使东京陷入孤绝状态。这之后因为地震频发，导致修复工作困难重重，东京的法律与秩序也随之崩解，化为一个废墟一般的世界。这个漫画所描写的，便是在这样荒废的世界中，仍然为了生存而战斗的人类景象。

同样，以大地震后的东京为舞台的还有菊地秀行的传奇小说《魔界都市〈新宿〉》（1982）（图 18）。一九八几年（改写后的完全版则将时间改为二零零几年）九月十三日，首都正下方发生了大地震，震源为新宿车站地下 5000 米处。在这个被称之为"魔震"的震灾中，受损害的区域相当不可思议地仅限于新宿。新宿区的区界地面龟裂开来，与周围的其他地区隔绝，与外界的联通只剩下位于四谷、早稻田、西新宿的三个大门。为了调查震灾而来到此处的调查队员陆续发生了行踪不明等事件，导致修复工作受到妨碍，政府也因此放弃该区的复兴，致使新宿地区成为逃亡罪犯集中的魔窟。少数没有损坏倒塌的建筑，则根据不同情形进行功能性的转变，如市政府建筑成为医院，早稻田大学理工学部则成为饭店等。

作者在东京中选择新宿，并将之设定为"魔界"的理由，是因为执笔者写这个小说时，新宿正依据现代计划的设定，以"新都心"的形态进行各种整备。正因为都市计划中将汽车与步行者的动线分离开来的政策，让作者想象出其内部隐藏了暗黑力量的设定，并进而将这股力量释放出来。小说中将西新宿的高楼大厦区设定为如古代环状石柱群般具有神灵力量之处，是一旦进入之后就不可能再平安回来的"高危险地带"。

另外。也介绍其他稍微不同于废墟的形式，想象东京为"非·未来都市"的小说，例如荒俣宏的《帝都物语》（1985—1987）。

荒俣宏在小说中将东京设定为千年来镇压住平将门怨灵的都市，描述了要破坏东京的平将门一方与要保护这个城市的阴阳师一方，双方进行神灵战争的传奇小说。这个系列是从明治时期的东京开始描述，卷中首次触及未来东京，并以此为舞台的是第八卷《帝都物语（八）未来宫篇》。

这一卷从描写晴海埠头近海区的海上地震观测装置开始。角川书局出版的自由插画家丸尾末广绘制的海上观测装置插图，其外观与菊竹清训在冲绳海洋博览会时所设计的"海上都市 1975 —— Aquapolis"非常相似。不同的部分是，小说插画中的海上地震观测装置有着像蜡烛般的柱子，会透过火焰颜色的变化来传达地震发生的信息。

1986 年，伊豆大岛的三原山火山爆发之后，三宅岛、八丈岛、浅间山也相继爆发，地震频发引起了山体移动。当时伊豆诸岛、伊豆半岛和房总半岛的大量难民流入东京都内。尽管当初在填海造地区域马上开始建设组合屋，但却无法跟上难民数量增加的速度，最后政府规定，无论是否为公共空间，只要是一定规模以上的建筑物必须开放一部分作为组合屋用地，因此包括办公大楼中六楼以上都成了难民安置地。筑地本愿寺、三越百货、国会议事堂都有大量的难民居住其中。或许可以说，在当时，东京便大胆地完成了用途转换的未来图像。

4.3 破坏与再生的反复

怪兽电影可以说是把东京当成废墟的虚构文本的开端。作为怪兽电影类型经典的《哥吉拉》（1954），描写了因水下核爆实验而醒来的巨大生物，以双脚步行从东京登上陆地，哥吉拉横扫而过之处建筑物皆应声倒塌，其口中吐出的射线烧光了整个街町。而另一部怪兽电影《摩斯拉》（1961）中，则是描写巨型蛾的幼虫将东京铁塔折断，并且吐出丝线将自己包覆成一个茧。电视动画《咸蛋超人》的系列作品，也不断地重复东京被怪兽们所袭击并遭受破坏的场景。

像这类怪兽电影的特征还包括，在前一集故事中被怪兽破坏的东京街道，到了续集里却呈现完全复兴的状态，恢复成一如往常、平安无事的街道。

充分意识到这个特征，并将之纳入背景设定的便是《新世纪福音战士》这部动画。在故事中，2000 年 9 月 13 日发生了名为"第二次冲击"事件的大灾害，从而导致东京毁灭，因此选择在芦之湖湖畔建设新首都。这个都市，在外观上就如同普通的都市一般到处矗立着高楼大厦，然而实际上这里却是必须与外来的异样生命体"使徒"到处战斗的迎击专用要塞都市。兵器库伪装成一般大楼的一部分，而广大的地底空间（Geofront）则是情报机关总部。通用人型决战兵器"福音战士"就从这里出发，迎战使徒。动画中特别有意思的设定是，每当"使徒"来袭时，所有的地上高层建筑物都会被收入地下，直到对战结束后才会再度恢复回到地面上。

这个都市的位置虽然是芦之湖湖畔，但却被命名为"第三新东京市"。这个无论是消灭与再生都可以迅速恢复的都市，仍然采用"东京"这个名字。至于其原因，就像是在怪兽电影里的东京，即使被破坏殆尽也可以迅速再生。而现实的东京也是如此，经常重复着弃旧建新的活动。这一个不断往复于破坏与再生之间的代谢城市，就是东京。

4.4 未来都市的孵化器 —— 海洋

东京的破坏与再生形态，还可以在某些未来的虚构文本中看见。

大友克洋的 *AKIRA*（1982—1990），是在 1982 年以漫画的形式开始连载，1988 年则由大友亲自导演改拍成科幻动画电影。

在这个世界里，1982 年时（动画电影版则是 1988 年）因为新型炸弹爆发导致世界毁灭。故事开始于 2019 年，舞台则是东京湾填海之后的人造都市：新东京（NEW TOKYO）。这个都市中有着高密度建造的超高层大厦群、纵横相交的高速公路，并且即将举办 2020 年奥林匹克运动会。这是迅速出色地完成复兴计划的新东京，然而这个新的都市也因为超能力者"AKIRA"的觉醒而再次崩坏。

另外，动画《机动警察 PALTLABOR》（图 19）则是以历经大地震的近未来东京为背景。整个故事的中心轴线是环绕着被称为"劳工"（LABOR）的多足步行式产业机械，如何透过"巴比伦计划"这个大规模的土木工程而普及化的故事。

所谓"巴比伦计划"，是为了清除大地震带来的大量瓦砾以及应对地球暖化后的海平面上升现象，所设想的东京湾大规模填海计划。剧场版电影《机动警察 PALTLABOR－the Movie》（1989 年）中，整部电影都围绕着因电脑病毒而引起的"劳工"暴走事件之谜，调查之后才发现，引发"劳工"

暴走事件的主要原因，是巴比伦计划在东京湾所建设的"方舟"——故事中在海上的多层构造物里发生的战争使整个电影达到高潮。

前面提及的《妖兽都市》，虽然描述的几乎都是都市文明退化的场景，但也有所谓"未来都市"出现的篇章。比如"Hyper grapple 篇"的背景，是浮在东京湾上的"Aquapolis 未来市"。这是"关东地狱地震"后建设的海洋漂浮都市（也被理解为菊竹清训在冲绳海洋博览会发表的 Aquapolis 扩大版）。

事实上这个 Aquapolis 未来市是将动画反派凄之王的梦想实体化的都市，因此，当他与特警之间的战争失败后，都市里的建筑物、汽车和人也全部消失了，海上都市就是这样如同海市蜃楼般短暂地浮沉于海面，最终消失。

这三个废墟文本的共同点在于都着眼破灭后的东京，并都在东京湾上建立了新的未来都市。

实际上建筑师们所设想的都市计划中，也不断重复地使用了东京湾。前面第 3 章中提到，包括丹下健三于 1961 年发表的"东京计划 1960"，大高正人的东京海上都市案（1959 年），黑川纪章的"东京计划 2025"（1987）都是如此。已经实现的都市计划——包括东京临海副中心、幕张新中心，以及横滨港区未来 21 地区等大规模的新都心计划，也都是透过东京湾的填海计划所造就出来的。

东京未来都市就在海上诞生。这个倾向并没有随着日本高度经济成长期的终结而结束。对于许多东京梦想者来说，海洋仍然是未来都市的孵化器。

4.5　被水占据的都市

未来都市以海为目标——倘若这么想的话，破坏都市的也可能同样是海，像是来自海中的哥吉拉、摩斯拉等怪兽，还有《帝都物语》中测量大地震的装置也同样放置于海上。被海水破坏殆尽的部分在海上被重新创造出来。这就是东京的未来。

很多人指出东京其实是与水紧密相连的都市。例如建筑史学家阵内秀信在其著作《东京的空间人类学》中提到，"东京的低洼地区可以媲美意大利威尼斯，是富有魅力的水之都。"虽然现在的东京已经被河堤挡住视线而不见河川，被高速公路盖住了水路而不容易理解河川走向，但在其基础部分仍然还是坚实的"水之都"构造。东京的未来图像不断地与海水有强烈关联这个倾向，与其都市基本形态也有莫大的关系。

这一章的最后，让我们来谈谈作家小野不由美的《东京异闻》（1994）这部传奇的推理小说。这部小说从不可思议的起点开始。

城市的街道从海底的泥泞中浮了上来。

时代的设定并非是未来而是在过去，是刚刚开始文明开化的明治时期。而作为舞台场景的东京，或者应该说像是东京又并非东京的这个都市——"东京"，那是在煤气灯的光影投射下，怪物横行的世界。

故事的结尾更加令人印象深刻：神秘的解谜结束后，突如其来的大洪水袭击了街道，"东京"就这么被水淹没了。

从海中诞生，且终归于海。东京就是这样一个被水占据的都市。

第5章 近代乌托邦的系谱

5.1 文艺复兴时期的都市计划

文艺复兴时代的建筑师们，以圆形、多角形等具有理念的形态来构想出几何学式的都市计划。例如佛罗伦萨建筑师菲拉雷特（Filarete）的理想都市 Sforzinda 是由纯粹的圆形和星形组合，再加以极度抽象化而构成。但功能导向的莱昂纳多·达·芬奇（Leonardo da Vinci）所做的都市计划设计，却不是这种从白纸上空想生成的古典乌托邦式的计划，而是对实际都市进行改造，以这样现实的工作为起点，因为达·芬奇认为，都市的再构成必须朝着将都市视为有机体的方向来加以思考。几何学式的乌托邦计划欠缺随时间变化的预设，是静态的设计。在建筑界中，以生物的类比来构思都市的思维方式，可以推选 20 世纪 60 年代的日本代谢派或其中的"东京计划 1960"作为代表。

达·芬奇针对米兰大教堂的八角塔工程，也使用了医学比喻来向建筑委员们说明：建筑就如同人体一样，要医治建筑就必须由建筑师来担任医师的角色，将建筑视为活生生的有机体来进行病源诊断，并将之治愈。当然，将建筑比拟为人体是自古以来就有的概念，古典主义的建筑即是以比例作为媒介，将建筑重叠于人体来思考。达·芬奇自己也从罗马时代维特鲁威（Marcus Vitruvius Pollio）的建筑理论中得到灵感，画出了那张由圆形与正方形内接的知名的《维特鲁威人像》。如果从达·芬奇的藏书目录来看，他应该也研读过阿尔伯蒂（Leon Battista Alberti）的建筑论，对能获得美之形态的比例论肯定也相当熟知。然而，作为医生的思考并非是外观上的比例论，而是思考看不见的力量的流动，以及如何解决构造问题等这类动态性的介入。

或许，达·芬奇已经根据其所试验的解剖学，反映出他对新人体的关注。在建筑中使用医学的比喻是相对近代的产物。正当柯布西耶对古都巴黎进行改造时，也采用了与达·芬奇几乎相同的想法，以医生作为比喻来说明建筑师的工作。当然，现代主义企图打造的更大目标是卫生且健康的都市，这么说来，由于 15 世纪 80 年代的鼠疫，达·芬奇也设计了米兰都市改造计划，并且为了避免过度密集化，设置了通风良好的十条环状新市街，是推进都市分散化的改造计划。

那么，倘若不透过改造，该根据什么来思考理想都市的形态呢？达·芬奇留下了以下的笔记：街路 N 比起街道 PS 高了六个臂……车马等不得通行上道，因为那主要是给绅士们专用（的步道）。下道则供给车马、货车和其他民众通行（《莱昂纳多·达·芬奇的手记（下）》，杉浦明平译，岩波文库）。

这里所描写的，是包含约 3.6 米高、12 米宽的通行道，以两个层面所构成的都市网络。下层是供贫苦的人们通行以及搬运、货车等服务动线所使用，上层则是为了经营都市生活的绅士们所建造的，与巨大建筑物（Palazzo）的主要楼层二楼直接相通，倾斜的通道设计也将雨水的处理考虑了进来。早在那个还没有汽车的年代，就已经想到了步行天桥（pedestrian deck），而且也另外设置了让垃圾与污水处理流往下水道的网络。

基本上，与乌托邦式计划那种专注于将符合美学标准的几何学投射在平面上的做法相比较的话，达·芬奇的设定是相当富有立体感的都市构成。导入高度的概念，以垂直方向来整理交通网络，是近代以来相当显著的都市手法。柯布西耶或是丹下健三的设计里也包含着立体的交通网络。就这点来说，达·芬奇可说具有压倒性的先见之明。当然，不论是人、马车、垃圾，他对任何物品移动路线的兴趣，或许就是透过人体解剖而理解的血液、神经网络而来的吧。

5.2 革命与乌托邦

勒杜的"Chaux 的制盐都市"（图 20）

尼古拉斯·勒杜是生活在动荡的法国大革命时代的建筑师。他年轻时喜好古典主义，受教于贾克·布隆戴尔，并掌握了其创作风格，其后受到杜巴利夫人的喜爱，因此得到相当多的工作机会。1736 年出生的他，在法国大革命发生时约莫五十多岁，并同时拥有王室建筑师的封号，随后却入狱并死在断头台上。

这位建筑师虽然被夺走建筑的创作机会，却在皇家制盐场以及周边的既有建筑物上发挥了移花接木的想象力，在此打造出心中的理想都市。在勒杜于 1804 年出版的《在艺术、风格与法治关系下考察建筑》中，可以窥见这整个大计划的全貌，书中包含了关于建造物的长篇文章、都市全体图以及各个建造物的设计平面图、立体图和断面图等内容。

从远处瞭望群山的整体鸟瞰图中，位于圆圈中央的是监督馆所在，作为都市中心的监督馆，两边则是制盐用的工场（在第一次提案中，全体原本是以正方形作为基准的平面）。由于配置有中央监视系统，因此屡屡被拿来与边沁提出的具有强烈向心性的圆形监狱（Panopticon）相比较。这是实际上被建造出来的建筑物，虽然 1926 年发生过该建筑物所有者用炸药爆破建筑物的事件，但现今已复原，从里昂搭乘火车约 3 小时，就可到达阿尔克村（Arc）与沙努尔村（Senang）当地参观。目前残存的是前半圆部分的建筑物，后半边的半圆与圆环外侧的各种建筑物，除了勒杜书内的记载以外，没有留下任何痕迹。

在这个理想都市中，学校、神殿、剧场、银行、调停法院、美德馆、救护所、教育馆、体育馆、赌场、凯旋门以及各种建筑等，作为一个都市构成之必要元素的建筑模式几乎都一应俱全。然而这个乍看好像已经完整的设计案，因为尚未有整体的正确配置图，因此这些建筑物实际上在都市中如何被设置仍不清楚。教会、公共浴场等设施包含在鸟瞰图中，因此可以透过鸟瞰图确认它的正确位置，但其他不能确认场所的建筑物还非常多。文字中也偶然会出现十分抽象的描述"如沙漠般广阔，如森林般幽深处"有着金字塔状樵夫小屋，但也不知其确切位置。

原本，勒杜的乌托邦自身就具有其不可思议的地位。所谓的"乌托邦"，大体上都是与外界交通断裂的封闭空间，但由于此处并非是完全架空的虚构场所，因作为工厂，与作为消费地 —— 都市之间的交通便是该地的前提，因此必须与实际存在的建筑物基础相连接，同时也没有独立的经济基础，可谓是寄生的乌托邦。

让我们以空想旅行记录的方式，像勒杜所写的那样，以一位旅人的记述为起点，从几个建筑物开始漫步整个理想都市。城外的正方形市场被分割为九个矩形，只有中央比基部稍高，是带有强烈独立性的造型。另一方面，令人印象深刻的还有在铸造大炮的工厂升起的金字塔。狩猎馆也在角落建立了四个塔。而位于花开谷里的，就是名为"Oikema"的建筑 —— 也被叫作感情之馆或快乐之家。其采用希腊神殿风的立面样式（faCade）。

关于勒杜的评价，建筑史学家高夫曼在《从勒杜到柯布西耶》中提到：勒杜已经预见了近代建筑的几何学形态，但思想家本雅明（Walter Benjamin）则早在 20 世纪 30 年代，就因为对乌托邦的关注而将勒杜与傅立叶（Charles Fourier）相比较，并针对"Oikema"所表现的象征意识也进而深入思考。

位于卢河（River Looe）源头处的监督馆是挖通的圆筒形，卢河则贯穿建筑物川流其间。到达酒樽工厂处则以更复杂的施工使两个挖空的圆筒相交叉。农地管理人的住屋是完全的球体，球体被放置在挖深的土地里，朝四周都有接连的桥。Chaux 的墓园中心有一个巨型的球体大厅，地下则以三层走廊连接起来。球体天井顶部的采光，使人想起地基下沉中的圆形神殿——万神殿（Pantheon），人无法进入的空无也使人联想到死亡。勒杜于 1806 年过世，能够见到这个建筑完成也算是了无遗憾了。大约在勒杜死后两年，后世也开始出版其著作。

法国大革命时期的幻视建筑

若提到大革命时期的幻视建筑师，就不能不同时将布勒、勒杜、洛奎这三人一起并列来讨论，这样的看法不仅和新古典主义的建筑历史家高夫曼的著作《三位革命建筑师：布勒、勒杜与洛奎》有很大相关，同时在 1964 年举办的"18 世纪末的幻视建筑师"展览，以及 1968 年在美国巡回的"幻视的建筑师们：布勒、勒杜、洛奎"展，都是促成三人并称的原因。

尽管这三人总是被相提并论，但事实上三个人的作风各有不同。例如，虽然三人都曾经以球形建筑为概念，但布勒是将其作为形态纯粹化的结果，在三人中可以称为先驱者；而勒杜则是将之作为多样形形态操作的一环来处理。然而同样球体的概念，对较年轻的洛奎已经不足为奇，反而是作为嘲弄的对象（在洛奎的年代，报纸上曾记载球体因为与四周都是等距离，因此正好可以拿来说明平等的概念）。

三人之中最年长的布勒于 1728 年出生。本人虽然以画家为志向，但因身为王室建造物钦定专门审查官的父亲的强烈希望而成为建筑师，之后终身作为教育者，活跃于学术舞台。当然，他在 18 世纪 80 年代所设计的几个宅邸都建造出来了，但大规模的计划案则完全没有实现，因为整体的构想过于巨大，实现的可能性就相对低。例如，1785 年的皇家图书馆再建计划的阅览室，架设了有天窗的巨大半圆形的拱顶，以连续的爱奥尼亚式圆柱列以及后退的四层书架，使这个图书馆象征了"知"空间的无限大。另外还有巨大的死者纪念堂，外观是圆锥状，内部则有半球状的虚空间，与埃德蒙·伯克（Edmund Burke）所提倡的"崇高性"概念相结合。18 世纪为了对抗装饰过度的巴洛克风格，新古典主义运动应运而生，因此对建筑起源开始怀抱关心，也产生出对单纯形态以及崇高性概念的追求，并萌生了各种各样具有可实现性的提案。这即是高夫曼所称的"理性时代的建筑"。

虽然没有实现的意图，但布勒另一个知名的作品是 1784 年的牛顿纪念堂。建筑是位于基底上直径为 135 米的巨大球体，从图中四周围绕的杉木相对比例就能知道其巨大的程度。就如同布勒在《建筑》里所主张的球体的壮观与美，牛顿纪念堂的伟大之处，就在于球体与宇宙自身象征的重合。球体内部是一个中空空间，只在中央摆放了一副小石棺。有趣的是，牛顿纪念堂的手稿中，画有白天以及夜晚不同时段的景象 —— 白天的时候，以星座排列的开口部采光，使内部呈现如天象仪一般的景象；夜晚则会改由内部悬挂的发光体将光源照射至外部，形成反转的影像。牛顿纪念堂不只是强调光与影的效果，同时也导入时间差的戏剧性。布勒认为，"将规则正确的单纯与规则性反置，就能吸引人心"，因而将所有的装饰全部除去，只保留为展示建筑尺度而需要的最低限装饰。由此可见，布勒的作品是具备崇高性的静之建筑。

另外，科幻电影《地动天惊》（1998）与漫画 *GANTZ*（奥浩哉，集英社，2001）里，也都同样有着谜一样的且作为至高无上存在的完全球体。

能与寡默、理性的布勒进行对照的，就是饶舌且充满想象力的洛奎。他出生于 1757 年的鲁昂，在苏夫洛（1713—1780）的事务所中工作，之后就独立出来。就在他作为建筑师正要开始活跃之时，发生了法国大革命。也因为革命的混乱，导致洛奎想成为建筑师的梦想破灭，之后便以绘制地图谋生。大概也就是在这个时期，让他得以完成许多幻想建筑的素描，这些素描也因为编在 1825 年他赠予皇家图书馆的《市民建筑》这本书，才得以流传后世。同时，他也从事戏曲、绘画等创作，也撰写制图法的论文等，虽然多元化但因为都是较为零碎、片段式的思考，不容易窥见他的全貌。

《市民建筑》这本书也是如此，就如同勒杜的乌托邦一样，内容和顺序上混杂各种建筑样式，就好像是一本收录了当时所有流行样式的百科事典一样。也可以说是完全的恶搞都市。洛奎在书面的余白处写满了个人的笔记，以让建筑成为极富故事性的表现为特征。例如，在被标记着"哥特式住宅的地下"标题之处，画着螺旋楼梯下来后，进入右方，接受火、水、空气试炼的共济会入会仪式场所。其他还有像是被月光投映着的"古老神殿"，以及用猪石这种奇妙材料所做的"皇太子的狩猎场，快乐园的门"——这是以雄鹿为中心，被猎犬、猪头等动物雕像围绕着的复合建筑。也有巨大的牛造型，名为"新鲜牧草地上的牛小屋"的图，"眺望台的某个相会所"则因为集合了希腊神殿、中世城墙、哥特式尖顶、帕拉迪奥风格（Palladio）的开口部等而造就了独特的平衡感，就像是美丽梦境的拼贴。因此可以说，洛奎与柯布西耶同属于近代，但他却没有走向柯布西耶的几何学形态，反而是成为超现实主义派的先驱。

5.3 产业带来的梦之社会

产业都市与社会主义乌托邦

比起受到艺术影响，传留后世的都市提案大多是受到社会影响的都市提案。例如，产业革命之后，因技术演进而产生的近代都市转变，人们敏感地察觉到其中袒露出来的各种矛盾，并摸索着解决方案。包括活跃在 19 世纪的罗伯特·欧文、圣西蒙、傅立叶等人。后来马克思、恩格斯等将之批评为"三大幻想家""基于空想社会主义的共产主义"等，然而这些批评随后却也成为《共产党宣言》（1848）的源泉之一。

1829 年，傅立叶于《产业协同社会的新世界》中发表了乌托邦合作公社。他首次将人类史分割为八阶段，并于第八阶段的调和主义时代中思考这个合作公社的实现可能 —— 男女比约 21 ∶ 20，是包含孩童与老人，总计 1620

人居住的公社建筑。他们从教育到每天日常生活习惯都按照详细规定，比起家庭，以孩童或老人为优先。将所有的事项都加以数字化，以交换为主要模式的傅立叶，尝试设计出能一次满足十二种类型住民需求的乌托邦，也因此设定了相关的设施（会议室）。拥有多种功能的四层楼公社被称为"宫殿"，在外观构成上与巴黎凡尔赛宫稍微有点相似，但内部配置了绿色中庭，挑高的两层楼空间由画廊环绕着。因此，班雅明将之形容为"从拱廊而来的都市"。后来傅立叶的思想被广为流传，其中值得一提的是，美国在 1859 年开始着手进行的家庭式共产自治村。也算是小规模地实现了其理想。

1849 年白金汉曾在《国家之恶与其实际的矫正法》中提出将失业者列入考虑的乌托邦 —— 维多利亚的构想。

在整体造型上，就跟欧文所提的被挪揄成棋盘的提案一样，都是四角形，但是在构想上是单边 1.6 千米长的正方形中，可供 10 000 人居住的设定。围绕四周连续的构造物以大小相套的形状相重合。中央设置了广场、公共设施，然后是上层阶级的住宅，周围则是店铺和劳动者住宅区。另外也配置博物馆、图书馆、美术馆等这些为了民众教育而设置的公共机构。由于 19 世纪都市卫生问题特别受到关注，因此将工厂从都市中隔开，并设置有完整的下水道设备，这是白金汉对自己的计划特别得意之处。清新的空气、太阳、完美的几何学，白金汉的维多利亚城是现实生活中稍微肮脏、混乱的都市。

这个都市乍看之下并没有权力或政治装置。的确，这并非是社会主义者的梦想。但连续性的拱廊从中心呈放射状地贯通都市，放眼望去尽收眼底，也让这个都市同时成为管理性空间。另外，中央广场上 300 米高的塔照耀着都市，建立了有如全景敞视监狱般的视线场域。在这层意义上，维多利亚可以说是一个透明的都市。

1898 年英国的都市设计师霍华德出版了《明日 —— 真改革的和平之道》，这本书在四年后修订成《明日的花园都市》再度出版，而差不多也在这个时期，现代主义建筑师东尼·甘尼尔也开始设想"工业都市"的最初概念（图 21）。"Garden City"在日本被翻译成"田园都市"后，瞬间成为各国之间广为流传的新术语，但后来的诠释却未必与当时提出的意思相符合。其构想是：田园与都市，是工业化时代不得不解决的矛盾问题，来自过去的田园与现在的都市，尽管在概念上相悖，但将两方的要素结合起来的综合体却可能成为明日的乌托邦。相较于 19 世纪的中世纪主义者普金（A.W.N.Pugin）在现下与过去之对比中选择了哥特式风格，或许"田园都市"是更适合揭开二十世纪开端的布帘。

霍华德认为都市与农村的结合不仅仅有益健康，同时也对经济层面有利，因为其特征是能够相当程度地落实计划性经营收支，是一个以经济为规范而成的都市，并且对行政也表现出强烈关注。不过就像傅立叶一样，霍华德并没有规定家族形态、教育内容等相关范围，要说的话，他是在针对白金汉的社会主义式乌托邦进行批判性考察。在霍华德的设定中，田园都市是可居住 32 000 人、由环状铁路围绕着的 405 公顷的都市部分，加上外侧呈扇形的 2023 公顷农地所组成。圆形都市有五条环状道路，从中央公园延伸出六条放射状的林荫大道，将都市划分为六个区域。大致可分成中心是公共设施，周边是工厂，其间则是住宅地。相当有意思的是，被称为水晶宫的玻璃拱廊围绕着公园。1903 年，第一个田园都市在莱奇沃思诞生。

东尼·甘尼尔的工业都市

翻翻日历，揭开 20 世纪序幕的日子即将到来。

出身法国里昂的建筑师东尼·甘尼尔提出"工业都市"这个提案，便是在这段到未来充满期待的时间里。1901 年，他从留学所在的罗马将工业都市设计图寄往巴黎，图面上印着"1899—1900—1901"的数字。也就是说，在这个跨世纪的三年间，孕育了近代乌托邦的胚胎。

甘尼尔生于 1869 年，职业学校毕业之后，于 1886 年就读里昂的叶果布维艺术学院。1889 年转到巴黎的叶果布维艺术学院，并在经过几次挑战后，最终 1899 年获得罗马奖，当时他才三十岁。他待在梅迪奇山庄时，对古代建筑的实测和复原这类公费生的义务工作并没有兴趣，反而对于 1901—1904 年间，以补助报告提出的工业都市提案倾注极大心力。在这个时间点，工业都市只完成了全区配置图和立面图，但在其基本骨架下，持续增添了各个建筑物的图面，并于 1917 年举办展览，1918 年出版刊物。

全案的正式名称是《一个工业都市：都市建设的研究》。全书由前序以及 164 张图版构成，一边提出"劳动是人类根本的义务"，一边也突显以工厂为中心的都市观。然而这种观点与学术派的布维风格不甚相容。相较之下，甘尼尔的提案中有着较偏向 19 世纪社会主义式乌托邦的理念与经营方式，另一方面尽管受其影响，他仍然以新的材料为其赋予了近代的形态，也就是以"钢筋水泥的诺亚方舟"（吉田钢市）为目标。具有讽刺意味的是，新时代的气息是透过最传统的教育机关 —— 布维艺术学院的出身者，以内部开始发生的解体形式展现出来。

甘尼尔虽然是家中最小的男孩，但却拥有极为宏大的构想。在"工业都市"的鸟瞰图当中，视线贯穿了地平线的彼端。虽然只是想象的乌托邦，但全区图清楚标记了等高线以及其他相当具体的地形样貌，这是因为他原本就是以实际存在的里昂近郊都市为模型。甘尼尔的乌托邦是以法国东南部中等程度大小的都市为基础设定，并且以北侧为山、南侧为河流的安排，配置了周遭的自然景观。这个工业都市是提供 35 000 人居住的城市，利用北方的湖泊建设水坝，进行水力发电，并且从集合住宅到个别住宅等，多种类的建筑式样一应俱全。然而，此处没有教会、警察，也没有派出所、法院，因为没有罪恶的存在，宗教也显得没有必要。另外，因为是乐观的乌托邦，因此娱乐设施也不存在。更有趣的是都市的外侧被设定为古城和旧市街区域。一般而言，乌托邦通常都存在于时间静止的世界，并位于广漠的大地之中，但此处却备有内藏记忆的装置，是一个怀抱着过去的乌托邦。

甘尼尔的图集是由以透视法描绘的连续草图构成，让人联想起透过镜头看见的影像，就如同搭乘直升机在都市的周围盘旋一般，移动的视线入侵建筑物内部。画面上可以看见家具、雕像、小东西、花草树木、桌上的杯盘等，不只是平面或立面，而是将所有的细部及设计都具体描绘、展示出来。

但是，无论多么细致地描绘了舞台的具体背景，相对来说人物的存在感却很稀薄。尽管图中确实存在人物像，但与同样以工厂为主题的勒杜所提出的都市图像相比较的话，甘尼尔的人物就如同被冻结的静止人体模型。这种刻意缺乏生气的风景描绘，与未来废墟化的状况也有所重合呼应。这便是机械时代的庞贝古城。

因为导入分区制，所以甘尼尔的工业都市被认为是近代都市计划的先驱 —— 尽管这也是 20 世纪 60 年代以后不断被批判的近代都市计划特征。他设定了市街地（中央是公共设施，两侧是住宅区）、工厂区、卫生保护地区，分离各区功能。因此，各地区的形态并非是圆形的集中型，而是细长的矩形，近似于线状都市。另外，各地区以路面电车串接，中间的绿带相当宽敞。

到罗马留学之后，甘尼尔回到故乡里昂工作。1908 年的里昂绢织物工业地区计划案，将锯齿状屋顶的工厂与钢筋混凝土住宅群并列，这个作品因作为十年后"工业都市"的风格雏形而受到重视。不过之后于 1920 年出版的《里昂市大建设事业》则没有新的发展。尽管其中设计的屠宰场与竞技场后来都在里昂相继实现，但都是毫无创意的建筑。

5.4 机械时代的未来都市

柯布西耶的现代都市

"你会担心 2000 年的到来吗？"

这是现代主义巨匠柯布西耶于 1922 年的法国秋季沙龙展中展出可供
300 万人居住的都市计划时，每个人都在问的问题。但这个计划并非未来都
市，而是现代都市。无论是今天或明天所建造的建筑物都被命名为"现代都
市"，正是因为他认真地希望这些建筑物立刻付诸实行。当然除了截取他的
部分理念，并将之矮小化，复制形态的案例之外，他所描绘出的"现代都市"
的完整形态并没有在世界上的哪一个都市实现过。

这个 300 万人的都市并没有选择特定基地，不过它的基本构造在 1925
年以巴黎为中心舞台的瓦赞计划（Plan Voisi）中被彻底发展。例如，西提
岛北部十分规则地呈十字平面林立着高楼大厦。1921 年于《新精神》杂志
上发表的 60 层建筑 250 米高的大楼，以 300 米的间隔并列，这是他从塔状
都市时期就相当偏好的形态。瓦赞计划中为了与户外的空气和阳光增加接触
的面积，特别强调表面皱褶状的凹陷处。无论哪一个计划案，都在大厦建筑
物间配置着高速交通用的汽车用格状道路，利用透视法特地画出了飞机（现
代都市的中心是机场，地下则是车站）。高层大厦的周围地面上，除了道路
外还有绿地，都市便以巨大公园的意象呈现。这种洋溢着绿意的超高层都市
意象，也被后来的森大厦再开发视角所继承。

另一方面，美国建筑师莱特所提出的"无垠城市"（Broadacre City，
1936）并未采用以汽车社会为前提、垂直地扩张都市这种做法，而是选择在
田园中以水平方式扩散建筑群，让都市溶于其中。柯布西耶的都市计划是以
钢和玻璃构成的现代大厦为基本预设，并以纪念建筑物作为视觉中心，整体
以优美的几何学模式构成，骨架则意外地采用古典样式，因此也可以说是属

于凡尔赛几何式庭园，或 19 世纪巴黎都市改造的奥斯曼男爵的系谱。正因为如此，在瓦赞计划中也将这种改造称为"外科手术"，是指为了市中心的再生而破坏老旧街区、将之返回白纸状态，并重新将具有新秩序的商业地区移植进去。他认为人类正是因为拥有其目的所以才会往前直线迈进，所以建议近代都市应该舍弃中世纪那种弯曲的驴子道路，建设新的直线街道。

以机械时代理想都市为梦想的甘尼尔与柯布西耶之间并非完全毫无关系。早在 1918 年《工业都市》出版前，柯布西耶就曾造访甘尼尔的住处，也写过对他赞不绝口的信，柯布西耶或许很早就知道甘尼尔的乌托邦计划。1921 年出版的《新精神》与《走向新建筑》中也介绍了"工业都市"，然而柯布西耶自己所设计的都市计划则与工业都市截然不同。他的城市以压倒性的大楼高度与都市密度朝着形态的抽象化前进（他曾经表示纽约的摩天大楼高度太低）。这除了是回应新时代实用主义的要求，或许也是被甘尼尔对新秩序创造和绿地确保的雄伟企图所感动。但相对于不太擅长宣传的甘尼尔，柯布西耶一边对理想都市稍作修改，一边出版著作，也前往地球另一头的南美洲进行演讲作为宣传。

从 1930 年至 1942 年为止，柯布西耶规划了七个与阿尔及利亚都市计划相关的提案。这些提案不同于他过往直线都市的风格，提出了如同蛇一般的蜿蜒都市。其中，暴力性地置入都市这点与过去作风相似，但上部为高速公路，下部为事务所与居住地，这种对直线都市的修正发展，在圣保罗与里约热内卢等计划案就已经开始了。

阿尔及尔的欧布斯计划（Plan Obus）由三个部分构成：与巨大的直线构造体相连接的是海滨商业区以及山丘上的欧洲居住区，透过高速公路与两个郊外地带相连接。以钢筋混凝土支撑的 100 米高的高速公路切断了卡斯巴（Kasbah，旧市街）的上空，沿着海岸蜿蜒曲折的下方，则有可容纳 18 万人的居住设施。然而阿尔及利亚计划 —— 包含之后的计划，都被完全否决了。

具有讽刺意味的是，柯布西耶乌托邦计划是在印度的昌迪加尔（Chandigarh）实现的。为了提高汽车行车速度，因此详细地规划了汽车的交通计划，但在这个都市的现实生活中，至今仍有被称之为三轮车的人力车在路上通行。

建筑电讯的行走城市（Walking City）

建筑电讯是由沃伦·查克（Warren Chalk）、彼得·库克（Peter Cook）、朗·赫伦（Ron Herron）、丹尼斯·克朗普（Dennis Crompton）、戴维·格林（David Greene）、迈克·韦柏（Mike Webb）等六人所组成的建筑团体。1961 年 5 月地下杂志《建筑电讯》创刊，他们也通过参与竞图以及展览会来宣明他们创新的思想和看法。"建筑电讯"这个名字是根据电报（telegram）为基础而命名，意指比普通的杂志更为紧急并且单纯。同时，发端（Arch）加上书写（gram），也连接了建筑学的术语。他们开始活跃时不过是 25 岁至 35 岁的年轻人，因此尽管身在保守倾向很强的英国，也还是使用相当明亮的色彩，以及大胆地采取科幻、喜剧的表现手法，不断地扩张建筑的概念。他们的建筑便是反文化的乌托邦，因此有时也被称为"建筑界的披头士"。

朗·赫伦的"行走城市"，望文生义就能明白是"行走的都市"，这是原本就带有强烈视觉性的建筑电讯作品。从几张还存在的绘图中可以看见成群横越广大沙漠的都市体，由巨大的管线横跨海洋连接着的都市体，横越曼哈顿岛上高耸垂直的摩天大楼前，并在海中漫步的都市体。也就是说，都市在世界中四处移动。会动的建筑概念自身在 CEAM 提案（1960）中早已出现过，但建筑电讯明快的设计还是使这个概念更为显眼。行走城市看起来像是有机且巨大的虫，使人联想到宫崎骏《风之谷》中出现的生物欧姆。欧姆也会成群地移动，但却是破坏都市的生物。在欧姆死亡之后，其死骸被人类所占据，呈现出一种都市的样貌。机动性的居住机械则与电影《哈尔的移动城堡（2004）相似。行走城市里都是如同高科技怪物的巨型结构，是少见地在高科技与幻想之间生成的美丽融合。

　　1964 年，建筑电讯发表了具有复杂网络的电脑城市（computer city）及插接城市（plug-in city）：后者将各种功能单位化，使城市如同电器制品的插座一般成为外接插入型的都市。这个构想已于 1963 年的蒙特利尔塔（Montreal Tower）计划中出现过，而这个计划本身就是为了即将在 1967 年举办蒙特利尔世博会而建造的 —— 中央的钢筋混凝土塔以能够取换零件为可能要素而制作。倘若使其增值的话，外接都市便有发展的可能，比如，将汽车与住家结合起来的内含车库住家（1966）。科幻电影《关键报告》（2002）便预见了未来都市，其他还有以巨大的桅杆为中心并伸缩自如的爆裂村落（Blow-out Village，1966），以及如同马戏团一般简单设置的即时城市（Instant City，1968）也曾被提出来讨论过。然而 19 世纪 70 年代前半期结束后，建筑电讯的活动就完全消失了。之后，彼得·库克在格拉茨实现了被称为"友善的外星人"（Friendly Alien）的科幻造型的格拉茨美术馆（2003），这与上海世博会时如海参一般的日本馆在外观上很相近。

　　在建筑电讯发表极具攻击性的都市提案之后，已经过了四十多年了。世界上各地开始举办巡回展览，2005 年日本的水户艺术馆也举办了相关展览，建筑电讯已经被看成是"未来"历史的一页。

第 6 章 从乌托邦到科学

6.1 不可能存在的场所

我们所想象的未来都市，其源流是从何而来？

描绘理想社会的著作有柏拉图的《对话录》或陶渊明的《桃花源记》等，但若说影响后世对未来都市看法的著作，首推托马斯·莫尔（Thomas More）的《乌托邦》（1516）。现在作为意味着"理想乡"而被广泛使用的"乌托邦"一词，原本是莫尔所创的用语，是根据"不可能存在的场所（Outopia）"以及"好场所（Eutopia）"双重意义下的造词。莫尔以旅行游记形式所描绘的乌托邦，是一座牛角造型的虚构小岛。居民一天工作 6 小时，三餐都在公共食堂进食。平常的工作之余，每人每隔两年都有义务前往农场进行劳动。

全部的居民穿着同样的服装，没有流通货币，农作物和工业制品都能免费领取，这些描述中，鲜明地呈现出理想乡的景象。但在这个社会中，脏工作都交给奴隶，也使用雇佣军队与他国进行征战。因此，在现代的读者看来，这实在不能称之为理想国。这是因为在莫尔的时代尚欠缺文明进步与实现文明进步所需要的科学技术概念，因此，这个"乌托邦"绝非未来都市。

然而在这之后，也出现了仿效莫尔的"乌托邦"，描绘在航海旅程中偶然进入理想乡的虚构旅行游记。

康帕内拉的《太阳城》，所描写的是位于赤道的托普罗巴纳岛上的城堡都市。内侧可区分为以神殿为中心同心圆状的七个区域，东南西北都各设置城门。其几何学的形态是与文艺复兴的理想都市之间的共通点。

弗朗西斯·培根的《新亚特兰蒂斯》中则描述了从秘鲁到日本的途中，因遭受危难而中途停靠本塞勒姆岛的故事。这个都市的特征是，有一个同时具有高层建筑与地下建筑的"赛洛蒙之家"这样的学院存在。这里有水利和风力发电，也运行着包括气象控制、医学与生物科技的研究，以及各式各样工业发明，显示出科学技术的发明在这个虚构的国度里很早就受到了关注。

6.2 科学幻想小说的时代

相对于前面提及的乌托邦小说，一直到 19 世纪后期，我们想象的未来小说才终于登场。这是经过工业革命的时代，科学技术的发展日新月异，摄影、电灯、电话、汽车、热气球等，各种发明竞相出场。在这样的时代，凡尔纳(Jules Verne)、赫伯特・乔治・威尔斯（Herbert George Wells）等作家出现，被称之为科学幻想小说（scientific romance）的小说在此时相当受欢迎。

特别是直接以未来都市作为小说主题的法国作家罗比达，他以文章与插画构成的《20 世纪》（图 22）描绘出他所预测将到来的 20 世纪 50 年代的巴黎容貌。

首先，交通方面，在市内的移动方法主要使用空中计程车与空中脚踏车，要前往其他都市时，则利用时速高达 1600km/h 的筒状快速列车在高架道路上行走。列车由圆筒连接而成，因此乘客须选择符合自己目的地的圆筒，到了该圆筒指定的车站后，圆筒就会从列车中直接切离出去。

建筑物里配置了电梯、电气照明、暖气、水电维修工人等。由于空中交通发达，高层集合住宅的入口都设计在上方，不仅建设了能够全面覆盖巴黎全区的人工地基，还有热气球悬挂空中，也有其他在空中飘移的休闲设施。

通信方面也很便利，被称为"电话望远镜"（Telephone-scope）的装置不只有视频电话的功能，也作为家中观看剧场表演的影像受像器。如果觉得演出很棒，还能透过这个器具向演员传送掌声喝彩。最有趣的部分是电线的说明"在任何高度、任何方向延伸出去的无数电话线，不管是在各住家前或是屋顶上,都被阳光照得亮晃晃的,建筑物与空中充满网络密布的细线",语调中满溢着赞美之情。对比现代社会,电线常被认为是环境丑陋的罪魁祸首,在当时却是都市先进性的象征。

美国的雨果·根斯巴克(Huge Gernsback)在此时登场,被称为"科幻类型之父"的他,是创设了世界上第一本科幻杂志的人,至今他的名字仍然以年度票选最优秀奇幻作品的奖项"雨果奖"留存于后世。

雨果在一本科学杂志《现代电气》(Modern Electric)中执笔撰写了《Ralf 124C41 +》(杂志连载,1911)这篇小说,描述了 27 世纪的未来都市:气象塔建造整合了纽约市也同时控制天气;气温常年保持在 22℃,白天永恒是晴天,下雨的时间仅限于半夜两点到三点之间。

市内主要的交通工具是飞行计程车。如果近距离移动则使用像溜冰鞋一样的"遥控飞车"来通行。主角拉尔夫住在 200 米高的超高层大楼顶楼,这栋大楼是圆筒型,以透明玻璃及砖作为材料。

在日本,也有科幻作家海野十三。他在大学时学习电气工学,除侦探小说之外,也撰写了许多有着幻想出来的交通工具与兵器的军事小说以及科学冒险小说。于二战后出版的《海底都市》(1947)中,描述了乘坐时光机、飞向世界的少年,造访位于东京湾深 100 米的"SUMIRE 区"的故事。在这个可供 100 万人生活的海底都市里,到处都遍布、环绕着移动步道网络。

如今再读这样的科学幻想小说,仍让人感受到这些想象世界的完成度相当高。我们所想象的未来都市的情景与技术,如那些林立的超高层大厦、地下与海底都市、快速列车、空气动力车、移动步道等交通科技,其基本形式在近一百年前的小说中,就已经被清楚地描绘出来了。更有趣的是,在进入 21 世纪后,这些想象的形式仍旧没有改变,依然持续地被使用着。

值得一提的是,这些科学幻想小说也为许多建筑师们带来相当大的影响,尤其是意大利的安东尼奥尼·圣埃里亚(Antonio Sant Elia,被认为是"未来派"的建筑师）与美国的巴克敏斯特·富勒，在他们的图稿中，都能看见科学幻想小说所带来的影响，而热心阅读罗比达与雨果·根斯巴克的科幻创作结果，则孕育了他们对未来的建筑想象。

6.3 敌托邦的系谱

乌托邦小说的潮流在 20 世纪后进入另一个阶段，压抑人类的可怕敌托邦，也就是描写反乌托邦的小说在 20 世纪后逐渐抬头。

此处应当留意的是，区分乌托邦与敌托邦小说之间的区别其实是非常困难的。正是因为是打造理想乡的乌托邦，才容易变相成为压抑人类的敌托邦。以下我们就列举一些作品来加以说明。

1926 年德国拍摄了电影《大都会》（*Metropolis*）（图 23），算是首次出现人形机器人的早期科幻电影。构成舞台背景的是如同装饰艺术般、林立着的高耸入天的摩天大楼，是极为壮观的未来都市场景，然而居住于地下世界的下层阶级却过着悲惨的奴隶劳动生活。乔治·欧威尔的小说《一九八四》（1949）中则描述了第三次世界大战后，由各超级大国分治的未来世界故事。主角所在的大洋洲国中，经常以电子荧光屏幕装置监视着市民，也不准个人书写日记。主角却私底下十分热衷这些禁止行为，之后遭到告密，被思想警察逮捕并受到拷问。不过透过服从，主角却从而得到自由的感觉。而没有意识受到支配的人们就这样毫无反抗地被支配着，这也使支配成为可能的权力系统。作者以冷酷的双眼，书写了这样的故事。

赫胥黎所写的《美丽新世界》，则是描写敌托邦的代表作。故事从"人工孵化，条件反射孕育所"的说明开始：这个单位专门将通过技术在母体体外出生的胎儿放在瓶中培养成长，从瓶中出来后就开始进行条件反射教育。这个系统就如同是一个高度品质管理的工厂。这个世界中，把成功大量生产汽车的亨利·福特当成圣人，甚至连年号也并不使用西历，而采用福特纪元。

故事中途，从母亲肚子生下来的异端——被称为"野蛮人"的主角完成了非常重要的任务。他虽然部分认同文明化生活所带来的幸福，但同时也对其有所抵抗，认为"我也有追求不幸的权利。"并因此逃出了都市，前往乡下生活。

小说描写的主要背景舞台在伦敦中部，是以直升机穿越、往返各大楼作为交通方式的未来都市。书中主角这样描述了从高飞的直升机往下鸟瞰的都市：伦敦在眼皮下变小了。顶着方桌造型屋顶的巨型大厦急速地排列，就如同在绿色公园和庭园中鳞次栉比地簇生出来的几何学模样的香菇园情景。

若说起巨大的高塔与绿地的组合，就会使人联想到柯布西耶的都市到计划。而像瓦赞计划中那种明快健康的都市图像，可以说其实就是超管理社会"敌托邦"的翻版。

6.4 移动的城市

历史的乌托邦小说多将场景设定在岛屿上，其理由不外乎岛屿符合能与既知的文明社会隔绝的条件。儒勒·凡尔纳在这个通则上再加上类似于科学幻想小说的奇想，撰写了《移动的人工岛》（1895）。就如同标题所示，这个故事是描写在海上自由移动的都市。尽管1864年英国的建筑电讯就已经提出了"行走城市"这个都市自行移动的构想，但在虚构场域中，凡纳尔的移动城市则是宛如先驱般地首度在小说里登场。

从科学幻想小说发展到科幻小说，"移动城市"仍是不断地重复的主题。

英国的科幻作家克里斯托弗·裴斯特的《逆转世界》（图 24）中出现的"地球市"，使人想起如"行走城市"那样要塞般的都市。长约 450 米，高约 60 米的七层楼巨大建筑以木造而成，这个都市以一年约 58.74 千米的速度在轨道上持续移动。尽管居住其中的人员不管背负着多大的苦难，也一定要让都市的移动持续进行，然而为何必须让都市持续移动的原因却没有人知道，大部分居住其中的居民都从未踏出这个都市，就这样结束一生。

由菲利普·雷夫撰写，以同样概念为名的《移动都市》这类奇幻风格科幻小说也于此时出现。这个故事是以遥远的未来为背景，因为战争，文明灭绝而荒芜的地球为舞台。而移动的都市是利用蒸气为动力转动履带和车轮，使之持续移动。故事中的都市为了夺取物资和奴隶，与其他都市进行厮杀。为了能继续生存下去，都市人们相互竞争的"都市淘汰主义"广泛流传。多层构造的都市中包含了所有的机能，而主角所居住的伦敦顶部，则是从圣保罗大教堂移筑而来。

作为续篇的《掠夺都市的黄金》（Predator's Gold，2003）中则出现了名为"空中天堂"这个空中都市。这个浮在空中的移动都市，就如同之前乔纳森·斯威夫特所著的《格列佛游记》中的拉普他岛，而这也同时是动画电影《天空之城拉普他》标题的由来。建筑师方面则有巴克敏斯特·富勒发表了浮在空中的球形都市"云端城市"的构想。

顺带一提，《移动城市》系列的作者菲利普·雷夫也是英国人，从乔纳森·斯威夫特、建筑电讯，到现代科幻类型文本都持续偏爱移动城市的传统，仿佛仍在英国存在。

未来都市已经不再是一个固定场所了，而是能够自由移动的。未来都市以"不可能的场所＝乌托邦"作为开端，但却在这个移动都市中再度成为"到处都可能的场所"。

6.5 飞向宇宙的城市

在科幻小说中的都市，朝向遥远的宇宙飞去。

布里西的《宇宙都市》系列中发明了使用反重力装置而使超高速推进成为可能的"Spindizzy 航法"，以这种航行方式，巨蛋都市得以从下方的岩磐与地球表面剥离开来，独自在恒星中来回穿梭。而约翰·史迪奇的《强夺曼哈顿》也使用了同样的概念 —— 不过在这里描述的则是外星人用巨蛋将纽约覆盖住，并把整个纽约运走的故事。

巴灵顿·贝莱的《从五号都市逃脱》中（图 25），所谓五号都市这个巨蛋都市，因为宇宙持续缩小的危机，而促使城市转化成太空船逃出。能源、食物资源等在太空船都市中全部都能自给自足，相较于巨蛋的外面什么都没有，都市几乎就等于全宇宙。

另一方面，除了让都市完全变成太空船以外，太空船成为都市的科幻文本也相继出现。若要以太空船到达遥远彼方的恒星系，即使以光速前进也可能需要数十年、数百年的时间，因此必须考虑能够容纳庞大人口，让乘客们能在其中结婚生子、延续后代的巨大太空船。这样的东西与其称之为"世代太空船"，也可以说是将太空船本身都市化了。

海因莱因的《宇宙的孤儿》就是这种世代太空船系列的古典作品。太空船内部就如同都市一般的设定在漫画《超时空要塞》（1982）、《勇往直前》中也都相继出现。

另外也有在宇宙中建造巨大的巨型结构，并将之称为"都市"的例子。1967 年物理学者杰瑞德·K·欧尼尔（Gerard Kitchen O'Neill）提出的"太空殖民地"（Space Colony）概念，被以漫画《机动战士钢弹》为首的相当多的科幻作品所采用。欧尼尔所提出的"太空殖民地"是一个直径 6 千米，长 30 千米的圆筒形，内部预定可供 1000 万人居住。另外，亚瑟·克拉克的《与拉玛相会》中，也描述了人类在宇宙中与谜般巨大的构造物相遇的场景。这里的太空船也是一个直径 20 千米、全长 50 千米，内部有人工太阳照耀着的一个圆筒状空间。

更大规模的还有拉瑞·尼文的《圆环世界》（图 26）。围绕在恒星周围的庞大环状构造物，其环状的幅度约 100 万米，半径则与地球绕太阳公转半径略相同。带状的人工环境中有山也有海，透过内侧日照的遮环，实现着日夜交替的现象。然而，还有比圆环世界更大的构造物，那就是整个覆盖了恒星周围的"戴森球"（Dyson Sphere）。长篇小说《轨道城》便是以此为主题，然而这种巨大感或许已经超越了都市概念。

第 7 章 亚洲与电脑

7.1 海市或乌托邦的尽头

浮在亚洲的人工岛屿

海市，以现在的目光来看可以将之视为一个乌托邦计划。这是在 1997 年东京的 "Inter Communication Center" （ICC）的开幕展中展出，由矶崎新所企划的 "海市 —— 又一个乌托邦" （图 27）。

这个展览是 20 世纪 60 年代以后建筑师们已经很少提出的大胆都市构想，以三十年后的脉络与视角重新企划出的崭新思考，同时也可以说是投注了大量人力、精力所完成的乌托邦模拟游戏。形式上并非是以文字，也不是仅以图像或模型呈现，而是把上述这些全部统合起来，积极地利用网络来呈现出乌托邦，这种做法可以说是首度尝试。尽管在展览期间，都市姿态仍不断变化，人们却可以完全不需要踏入会场，只要坐在电脑前面，就可以通过电脑确认各种状况。

在 20 世纪 90 年代，不限于建筑界，亚洲与网络两个领域都相当活跃。两者都成了 "思索 = 投机" 的场所，并在失去可开阔领域的时代中成为新边界，并且借此拥有预见式的，同时是未来志向型的主题。例如，上海于 1990 年至 2000 年间，出现了各种各样的超高层大厦，可以说是世界上变化最大的都市。因此，描述新种病毒在 21 世纪末蔓延开来的科幻电影《致命紫罗兰》（*Ultraviolet*，2006）中也就利用了这个效果，将名为 "东方之珠" 的城市和上海科学技术馆等作为象征未来意象的舞台。

在中国，珠海市的横琴岛与澳门特别行政区的海岸线外、南海海面上所建设的这个面积约 4 公顷人工岛 "海市"，透过数位媒体科技将之表象化后，可以说就正位于亚洲与网络这两个新边界的交集位置上。与之前的海上都市比较，丹下的东京计划 1960 或大高正人的东京海上都市提案（1959），都是立基在为东京奥运做准备的都市改造上所推进的东京新边界，也是象征正位于高度经济成长期的日本之基地。黑川纪章的“东京计划 2025”中的人工岛，正是在泡沫经济势不可挡之前趁势率先提出。因此也可以说，未来都市的舞台从泡沫经济后的日本移转到 20 世纪 90 年代炙手可热的亚洲其他国家，是必然的情势。

“海市”这个计划，原本是 1993 年珠海市委托矶崎新进行的计划案，委托案一边进行，一边在东京以媒体艺术为对象采用了新形态展示方式，因此也被认为是一个新的场所概念。

接下来我们进一步来讨论这个计划。作为经济特区的珠海市希望在浅滩上建造一个同时具有文化、学术、业务、会议、居住功能的人工岛，矶崎新则回应了这个需求。街道的模式是利用人工智慧演算法所构成，只要条件齐全的话，实现性就相对提高这点虽然是基本都市计划屡试不爽的法则，但这里指出了令人颇为在意的层面：因为考虑到地理形势，因此决定人工岛形状的，并非是都市计划中的功能考量，而是加入了虚构这点让人感觉意味深长，同时也让人想起应该成为批判对象的巴洛克近代都市计划。有着明确轴线的中心区在这个设计中是否有其必要？并且，尽管住宅地区的建筑形式参照了中国传统的四合院与客家住宅，但后者即使在中国也是相当特异的形式。

即使这么说，这些不过是作为起点的原型提案，并非是根据个人梦想而就此固定下来的乌托邦，在展览会中透过的“Signature”（透过传真或电子邮件报名的建筑师提案）、“Visitor”（在会场的制作）以及“Internet”（从网络的一般连接）这三个层次来加入他者的介入，预设了变化的发生。矶崎新的“Computer Aided City”计划（1972）曾透过设施群的新组合将城市的构成模式作为问题来加以处理，而在海市中，都市如何变化的过程也成为焦点。

变化的乌托邦

展览会的设置相当复杂，这是因为不管是哪个部分都是环绕着乌托邦的思索或实验。以实际来说，海市就是过剩的乌托邦。但却与康帕尼拉的《太阳之城》中所描写那种塞满了博闻强记的世界知识，或是傅立叶的乌托邦那种将世界的要素和分类相组合，在思维上都不尽相同。然而最终从建筑、都市的侧面来看，还是一种过剩，以及为应对这个过剩而选出相应手法。例如，在复数层面上同时产生的平行乌托邦，即是从同样的模型中开展出来的多种可能性。海市虽然看起来是一个岛，但却有着复数的存在，既是一座孤岛，却也以群岛的样态存在。同时，在 "Signature" 这个展区中，在时间上与 18 世纪皮拉内西想象的古代罗马地图结合，空间上则将与世界各地联结在一起，如此地在群岛之间悬空吊挂的乌托邦。而在网页的界面上，参访者可以在各个点或出岛之类的地方登场，这个设定被认为是朝向去中心群岛的开端。

海市，难道不是一个被片面中断的建筑乌托邦的消逝吗？

约五十名知名建筑师在 "Signature" 展区的零碎基地上插入自己的作品，并邀请十二位数位建筑师在三个月期间以"连歌"方式，不断在 "Visitors" 区块中生产出不同提案。然后，通过 "Internet"，可让不特定多数的人提供各种不同的创意。指定出色的现代建筑师，使各种优秀的才能在现场发挥，同时也向不特定多数的一般人敞开大门 —— 亦即一种"全员汇聚一堂"的场景，虽然在网络中参与的无数匿名者无法在现实生活中一一见面，但这种做法却尽可能地打开了参与的所有可能性。同时，来自各方的不同批评与意见都能在网络上产生，不论是赞赏或批评。

无论谁在何处于什么样的时间点，都能毫无限制地自由参加。当然，这在现实中是不可能的事，但这便是"海市"的终极目标。的确，就如同当代哲学家德勒兹评论剧作家塞缪尔·贝克特的方法论时所说的，建立系统的目的并非是要灭绝可能性。即便如此，海市的尝试与这个论点有着相当接近的关联性。如果是贝克特的话，会设定一个限定单纯要素的空间，并编辑出一个能够完全网络的系列，就像由 15 000 个配置排列组合而成《莫洛瓦》（高桥康也翻译，白水社）。然后为了跨越这种舞台剧的语言，电视这种媒体就令人产生极大兴趣。

另一方面，在人工岛这种封闭空间中演出的海市计划也由于其乌托邦性质，因为没有实现的可能，因此反而能够是一个极尽所有可能性的运动体。德勒兹认为那是极尽所有纯粹想象的瞬间展现。这与他所批评的、如同手铐一般的"思考的想象不同"，这是在语言可能性消失殆尽的临界点所打开，在龟裂中生成的想象，如同从《爱丽丝梦游仙境》里笑面猫的笑的残像中游离出来之物。倘若如此，海市的想象（image）也可能是一种虚幻镜像（mirage）。更有甚者，海市也隐含了中文里"海市蜃楼"的寓意 —— 即是乌托邦的裂缝中所出现的海市蜃楼之影。

网络中的废墟

这么问吧，乌托邦消失殆尽的结果，就是海市蜃楼显现的时刻吗？

至今，我们仍然没有见到海市蜃楼。

不，应该说现在还看不见较为适当。但那是因为其耗尽仍旧不充分的关系，还有残留下来的可能性，比如说，在网络中的废墟是无法完全消失的，不是吗？我们虽然在海市生成的现场相遇，也应该试着想象它腐朽的模样。以结果来说，整个计划并未固定下来，隐蔽了生成系统的反都市计划"海市"无法实现，展览会也因为过于复杂而不能说是完全成功，成了想象的废墟。展览会中模型被撤去并遗弃，只剩下网络首页上还留着些许信息。

这个网页会继续留存多久我并不清楚。在展览会结束之后，人们仍然可以登入浏览。也许会留存到谁也不再登陆那个网页的时候。或者，也许会成为一千年后电子考古学者所挖掘的对象也说不定。或者也可能成为谁一不小心才会偶尔漂流上来的无人岛。不，或许在那之前网页就会关闭，落下帷幕的舞台从视野中淡出也说不定，成为谁也无法看见的、沉默的废墟。蜃楼中的都市虚像肯定就那样地在海上漂流着，就算海市最后以什么形式实现了，这个废墟仍旧会像亡灵般缠绕着。

7.2　MVRDV 的数据城

随着 20 世纪 90 年代电脑技术开始导入设计现场，对"虚拟"的期待就不断增强。许多杂志也开始策划特集，也有些以此为主题展览。新时代的建筑师们烦恼着是否要使用电脑这项新武器，也对此进行了许多尝试。荷兰的设计团体 MVRDV 以其明快的形象成为该风潮的典范之一。

这个图体并不是曲折隐晦地设计着虚拟建筑，而是将电脑设定为资料的解析与模拟工具。MVRDV 大量且高密度地注入所需的各种功能，如同解谜一般进行模拟组合，其结果就能将各种关系图面完全地建筑化。

位于阿姆斯特丹的"100WOZOCO's"（1997）是以 100 户高龄者入住为条件，基于法规限定而采用长方体形状的设计，结果却只能容纳 87 户，因此剩下的 13 户就设置在突出墙面的外侧，结果这些剩下的住户单位便飘浮在空中，构成了唐突的造型。

MVRDV 的数据城（图 28）是在展览（1988—1989）中利用电脑与影像发表的作品。相对于矶崎新的"Computer Aided City"是透过信息系统来配置各种设施，且可以组合替换的未来都市模型，数据城是透过统计数字所构筑的假想都市。MVRDV 以兼具生态学考量的构想设定了一个自给自足的都市，以生活所必需的资料为基础来进行形态操作，排除了迷思与意识形态。也就是说，不接受"乌托邦即应该是一个完全的圆"这种前提，而是根据信息与统计来描绘都市形状。

数据域大约是以超特急列车一小时能到达的空间，也就是以朝四方延伸约 400 千米的范围，容纳 2 亿 4 千万人的超高密度都市。平面计划是按字母顺序排列条码以构成领域，并以荷兰为模型描绘出每个领域必要面积的图面，让人完全无法感受到人文主义思维。相对于巴洛克式都市计划那种透过强力的中轴线朝外呈放射状展开的大道思维，或是根据纪念碑思维的配置表现出都市奇观，数据城只是以满满的数值自动地列举各项配置。

处理数字一向被认为是相当无聊的工作，但 MVRDV 却用极端的模拟把这样的刻板印象完全逆转，若完全根据数字来进行都市计划的话，像戏画一般的世界也是可能存在的。例如，若所有人都居住在同一个巨大建筑物中，每个人以单边边长为 1.52 千米的立方体为单位，则居住面积就会比原本设定要缩减 0.03%。或者若采用中国香港的居住形式，就能再提高人口密度：这是因为居住的面积只需要 9%，而其余的 91% 就能转换为公园，其面积将高达 7423 平方千米。同时，若继续以巴塞罗那街道为模型来规划中庭型的集合住宅的话，住宅用地中的 36% 就能够转换为公园使用，而这将几乎等同于纽约中央公园的 736 倍。也就是说，在数据城中，所有的信息数据都可以直接风景化，创造出所谓的"数据景观"。

这并不仅仅是一种艺术性的表现主义。MVRDV 以一系列盲从于数字的荒谬演示，引导出在理论上从未有过的世界。虽然人体是由水分等要素依比例以数字来描述，但是单单靠这些组成并无法直接构成人体，即便是相同的组成，构成的形态也是各式各样。同样地，MVRDV 把被要求的条件转换为合理化的数字，不需要考虑的都市便从此产生了。雷姆·库哈斯（Rem Koolhaas）曾提出能使过去价值观皆为无效的一种"巨大"的概念，MVRDV 则在那本厚重的著作 FARMAX 中，提出"在条件的临界点进行从未有过的设计"，然而与雷姆·库哈斯那种反讽的伪善特质相比，

MVRDV 更让人能感受到其朴素的气质，尽管他们的企图可能正是有意识地伪装成箱纯真也说不定。

数据城并非是一个无限成长的愿景，为了生存，必须在有限性中有效地变换都市成分。比如在工业地区为了排除大量排出的二氧化碳，便需要超过100 千米，高 3834 层楼高的森林，因而生成都市中的绝景。另外，维持都市运作所需的所有能源全仰赖风力发电，因此在都市的边境累积 19 层、高为 760 米的风车群带必须蔓延 400 千米长 —— 这或许也是荷兰式的幽默吧。废弃物每天堆积成 73 米高的垃圾山，若严守 327 平方千米的指定面积的话，那么一百五十年后就只能垂直延伸，一百万年后这些垃圾构成的山脉就会成为与阿尔卑斯山同等级的高山山脉，一到冬天还能够在上面滑雪。总之，分类处理的垃圾山每年不断增高，生成了新的地形。电影《机器人总动员》（WALL-E，2008）中，29 世纪已经无人居住的地球上，仍然还有机器人们正在堆高巨大的垃圾山，这便是资料至上主义的设计论所带来的末世风景。

MVRDV 事务所是 Winy Maas、Jacob van Rijs 和 Nathalie De Vries 三人所组成，奇妙的图体名称是以成员的名字首个字母 M（Maas）、VR（van Rijs）、DV（De Vries）单纯并列而成。这种实事求是的态度，就与他们的设计手法如出一辙。由他们所设计的 2000 年德国汉诺威（Hannover）世界博览会中的荷兰馆，是由绿色所覆盖、内部散布着圆筒状物，在各个楼层展开如同洞窟一般的空间，八种不同样貌的地景就如同巨大标记般相互重叠。

20 世纪 60 年代的狂热风潮后，建筑师纷纷从都市计划撤退，但 MVRDV 则再度对都市计划投注热烈的目光：Big City（2001）这个提案中，从猪肉的年消费量计算出饲养猪的数量和所需的面积，为了打造密集的集约牧场，于是造就了并排罗列的高层化养猪场，就如同电影《黑客帝国》（*The Matrix*，1999）里培育人类的塔一样。另外，他们也提出了集合了 3500 个

货柜，在其中搭建都市生活的"货柜都市"（Container City）。MVRDV
之所以如此执着于都市计划，或许正是因为荷兰是以高密度都市生活为主，
在以填海造地的人工土地上生活着的国家之故。他们的其他提案，例如高速
公路与建筑物的复合体、以梁取代桩基础、在既存建筑物下扩张空间的 3D
City 等案，即使在人口密度过高的荷兰也都是相当具有实验性的提案。

7.3　迈向非标准（Non-standard）都市

蓬皮杜中心建筑设计部门策展人德列克·盖米鲁曾于 2003 年以"非标
准建筑"为企划展览标题，以他所撰写的论文"非标准的秩序"为起点，我
们一起来看看"非标准建筑"的内容。

文章一开始他便如此定义"非标准"：第一，对现代主义的大量生产、
标准化、规格化的抵抗，换言之，便是采用晚期资本主义的生产样式。第二，
如同一种崭新微积分学模式。以下便引用他直接说明建筑的段落：非标准建
筑的赌注正是完全否定对形态的预先设想，以及将形态设计的原理事先暴露
在外部的这种倾向。也就是说，不同于权威的古典主义，也非工业的功能主
义，而是以崭新形态所生成的规则。

德勒兹曾经引用建筑师纳伯德·卡须在《褶皱：莱普尼兹和巴洛克》中
谈到的以下论点，德列克·盖米鲁也在论文中援引了这段话：在现代状况中，
没有一个法则能够恒久有效，规格总是不断地变动，物体（object）不间断
地在变动中固定其位置，设计制造上下游连贯的系统，也就是以数字化发包
的机械来替换铸模作业。

也就是说，物体（object）已经不是被压进空间的铸型之中，而是根据
不断生产差异的系统来重新界定。实际上，根据卡须与派翠克·布斯提出的
"Objectile"，就是用上述这种物体概念作为设计手法，来进行椅子设计

的企划。这并不只是设计出奇形怪状的构想，而是透过电脑来具体设定椅子的部分及关节，同时也将制作现场纳入设定范围。他们提倡利用由数字电脑控制的机器人来提高制造技术与运动，也就是不需要制作图面与模型，直接将构想概念实体化的系统。

非标准建筑在手工业的前近代时期是无法实现的，也无法透过近代的单纯机械量产来实现。它并非是同一物品的反复，而是在所有的零件材料之间孕育着微小的差异、同时又丝毫不差地组合起来。例如，KOL/MAC 提出的"META_HOM"（2003）设定了由数值控制的制作技术。而横滨大栈桥国际客轮航站（2002）则是透过电脑进行三维设计，像是做 CT 断层扫描一般做出连续的剖面图，也就是刻意回避一、二、三楼以同样楼层平面反复那种以常识构成的建筑。另外，拥有柔和的表层面，一边感知周围的环境与信息，随之做出表情变化的建筑也逐渐增加。如 NOX 设计的水资源展馆（1997），感应器可捕捉人的动作并在表面上产生回应，这便是导入对各种变化都能柔和回应的电脑后所产生的崭新建筑模式。其他像是彼得·马里诺（Peter Marino）的香奈儿银座大厦（2001）有着映像银幕立面的设计，或是能够随时变更保全范围的系统空间都包含在这一类的建筑中。

盖米鲁的展览会中，除了著名的"Objectile"概念外，还介绍了包含 NOX、葛瑞格·林恩（Greg Lynn）、KOL/MAC、ASYMPTOTE、Decoi、卡斯、欧斯特豪斯、UNStudio、R&Sie（图 29）等数字建筑师们的流动空间。但这些并非能否在图面上描绘出无重力形态的问题，而是能否与生产出来这样的下部构造接壤的问题。在这个意义层次上，法兰克·盖里的毕尔包古根汉美术馆也可以算是将部分材料切割出来，并将生产系统直接与电脑连动的"非标准建筑"。近年，BIM（Building Information Modeling）系统也备受瞩目。

日本建筑师的话，则要谈到渡边诚的设计。他参照生物构造，认为"在生物体的极简主义（Minimalism）中，形体并不会更向单纯化，而是会在形式上呈现出多样，让人能感受到自由奔放的设计感。实际上的架构却会以强而有力的极简主义来运作。"例如，他所提出的"太阳神的都市计划"一案，并非仅是像路德因·西尔贝斯爱蒙（Ludwig Hilberseimer）那样将长方形住栋单纯、反复地平行配置，而是充分地计算日照条件，进而提出将小箱型体量作为复杂有机组合的新形式的可能性，也就是说并非是量化的规格品，而是由各种不同的零散素材所组成。另外，东京地下铁的饭田桥站的换气塔设计同样也不使用固定尺寸的组件，而是经由构造计算后，必要的地方使用较粗的组件，并非必要之处则使用细的素材，与植物或骨骼造型的原理非常相近。

另外，伊东丰雄在仙台媒体中心之后的建筑，也都可以放在非标准系谱中来看。若说现代主义就是以规则格状来配置垂直柱和据此成立的空间系统，那么仙台媒体中心就是将弯曲的软管并置，创造出流动的空间。但这并非是与生产直接相关的选择，而是相对于信息化意象，所展现出来的强烈表现主义之倾向。然而，在那之后所发表的伦敦蛇形艺廊户外展厅则是在长方体中导入任意分割成面的线段，以数学的规则来进行设计，并且与构造的系统直接连接，以提高手法的透明度。

作为新时代的生产概念，伊东认为"应该要将本来像在工厂中制作出来的工业制品一般的建筑与农业般的空间结合，转变为独一无二的建筑"。当然，这里所指的农业是一般隐喻 —— 苹果树虽然看起来都一样，但实际却各不相同，这种状况可以说是相当符合非标准建筑的模型，这也是前近代产业透过信息化被再定义的结果。然而，产业这个词语含有根植于土地的脉络，与盖米鲁所提出的概念并不相同。就算不论这些，非标准建筑扩张的方向性仍然令人感到相当有意思。

从工业化时代的标准建筑到信息化时代的非标准建筑发展，这里所指出的并非仅限于意象层次，而是导入电脑后构成了建筑方向性上的根本转变。这并非仅是巨型结构的未来，而是在纳米科技层面也产生变化一般地想象着建筑的崭新未来。

第 8 章　虚拟空间的另一端

8.1　无聊的未来

进入大阪世博会结束后的 20 世纪 70 年代后，世界明显地失去了迈向未来的力量。不仅在日本面临高度经济成长期结束，在国际上，也有罗马俱乐部高喊着"成长的临界点"（1972）的宣告。石油危机突显了能源有限的问题，而打开了宇宙之门的阿波罗太空计划也宣告结束。

被称为后现代主义的时代来临，科幻创作与建筑师们都已经不再描绘未来都市的图像。巨蛋都市、空中计程车、磁浮列车的魅力也消失殆尽。科学技术至上主义者所梦想的"美好未来"好像已经不会到来。另一方面，如反乌托邦小说所描写的那种由全体主义者所支配的"可怕未来"，似乎也不会发生。

巴拉德的小说《水泥岛》，就是描述这种 20 世纪 70 年代气氛的代表作。主角因为发生车祸事故，因而意外跌落到被高速公路所环绕的三角形土地上，而且无法逃离该地。那是在都市的正中央，宛如孤岛一般的所在。

三层高速公路立体交叠串联的景象可以说就是未来都市的象征。因此困在此处、无法逃脱的人类，也就代表着当时的未来都市处境。

在 20 世纪 80 年代后的一次访谈中，巴拉德曾如此表示："若用一句话来表达我对未来的恐慌，那便是，无聊。"

如同位于郊区的购物中心一般的未来。未来都市的思考本身目前正处于危机当中。

在这样的情况下，刺激着 20 世纪 80 年代后科幻作家的技术主题，便是当时急速普及化的电脑，并据此探求与之前截然不同的新都市想象。

8.2　人工智能化的都市

因为导入电脑而改变的都市样貌，在科幻文本中是如何呈现的？首先得从其前传开始讨论。

初期科幻类型作品中所出现的电脑，是一台巨大的机械，那也是一种巨型结构的意象，英国作家斯特普尔顿于 1930 年出版了《人之始末》。这是一部记录了直至 20 亿年后人类历史的未来巨史，而在小说中的"第四期人类"，以钢筋水泥建造了高达 12.2 米的"脑之塔"。

进入 20 世纪 60 年代后，小说中出现了关系人类存亡的巨大军事用电脑。其中虽然 D·F·琼斯（D·F·Jones）的《巨无霸》在当时颇负盛名，但同样的设定，若从都市设计的观点来看德国作家所撰写的《巨人头脑》（*Gigant Hirn*，1962）就显得相当有趣。

超巨型电脑就放置在美国亚利桑那州地底下的秘密军事设施里，而收纳着电脑的圆形空间中，有着为了维持电脑运作所需的数量庞大的科学家及工程师在此工作。因此，这里就像是一个都市一样。来到这里的小说主角，搭乘上网络复杂的手扶梯，一边在内部移动，一边听着"这里是延髓区""这里是小脑区"等广播。这个地下都市的空间本身，正是以人类的脑部为模型设计而成。尽管从古至今，"模拟人体结构的都市"这样将都市拟人化的思考方式并不少见，然而进入 20 世纪后半期后，都市则开始变成以"脑"作为模型，将其结构投射在都市结构上。

描绘电脑化都市形态的代表性作品，应该是英国科幻作家亚瑟·克拉克的《城市与群星》（图 30）。

故事的舞台是被沙漠所围绕、名为"Diaspar"的闭锁都市。这个都市是由中央电脑完全控管，因此在十亿年之间几乎没有变化地存在着。整个故事便是从城市中出现了某个特殊的人物，破坏了原先安定不移的社会开始。

住在"Diaspar"的人们，事实上是以电脑资料来置换：储存器每十万人就会进行重新装载，并经管这些人的"生活"。居民的寿命设定为一千年左右，人若死亡就会重新回到资料库，进行资料的再编辑。

在这故事里所描绘的城市，是根据电脑完美虚拟出来的东西，而人类只是其中的组成要素之一。这就是作者亚瑟·克拉克所设想的最完美城市。

信息化的都市与人类之间的关系，是从 20 世纪 80 年代后就成为科幻类型作品所不断讲述的主题之一，也对建筑界产生了相当大的影响，例如矶崎新的"Computer Aided City"（1972）就是在这类小说影响下所产生的作品。

8.3 虚拟空间的诞生

在电脑发展史中，20 世纪 80 年代是急遽迈向轻薄短小与个人化的时代，今日使用的网络技术雏形也在那时诞生，因此进入了并非由一个巨大电脑来管理全体，而是由分散电脑连接成网络。这种崭新的电脑社会景象在此时也成为新的优势。

在这种时代的科幻作品中所兴起的，是被称为"赛博朋克"（Cyberpunk）的运动风潮，其中心人物即是长住于加拿大的作家威廉·吉布森。他在短篇小说集《燃烧的铭》中提出了所谓虚拟空间（cyberspace）概念，而这个设定也在后来的长篇作品《神经漫游者》中继续延用（图 31）。

有时也被翻译成网际空间的虚拟空间，是在电脑网络上共有的假想空间。人类将电极放在头上并没入其中 —— 身体虽然仍处于现实世界，但意识上却已经进入电脑中的假想空间，并在其中活动。在虚拟空间中，能在场所及场所之间进行交通和移动，也能进行人与人之间的交流，还有精心设计的景观。因此这里也可以说是在电脑网络中所诞生的都市。

威廉·吉布森所描述的虚拟空间场所被形容为"无限延伸的透明立体棋

盘"，有时候也被称为"网格"（grim）或"母体"（matrix）的明亮均质空间。如果看过电影《电子世界争霸战》（1982 年公开放映）的人，或许便会想起被方格所覆盖的虚拟游戏世界。

所谓均质空间，是设计了芝加哥西格兰姆大厦等作品的建筑巨匠密斯·凡·德罗所提出的特定概念，而现在各种正兴建中的办公室大楼或展示场也仍然依据这种思考模式而设计出来，算是现代建筑根本的空间原型。即使在都市设计中 —— 如纽约的曼哈顿，也清楚地表现了这种思考方式。威廉·吉布森因为意识到了这点，因此也在《神经漫游者》中的虚拟空间中置入了并列着超高层大楼的曼哈顿场景。

威廉·吉布森所开拓的都市空间给了建筑相关人士极大刺激，致使构想出新建筑方向的建筑师和研究者不断出现，例如建筑研究者米夏·班尼迪克（Michael Benedikt）就是其中一位， 他不断追求完备的虚拟空间原理，并提出了排他原理（相同场所，相同时间中两个东西不可能同时并置）、交通原理（从某地点至另一地点之间的移动需要一定的时间）等概念。

8.4　移居电脑都市的人类

类似虚拟空间的概念，在弗诺·文奇的《真名实姓》以及鲁迪·拉克尔的《时空甜甜圈》等科幻小说中就已经可以看见。若是要谈到共有假想现实这样的设定，则有之前提过的 20 世纪 60 年代丹尼尔·弗朗西斯·伽洛耶的《三重模拟》。但若说到能够将电脑与一体化的非法技师（outlaw technologist）们的生态都栩栩如生地描绘出来的话，则没有人能像威廉·吉布森的作品那样具有压倒性的影响，虚拟空间这个概念也因此被作家们所广泛认同。

例如柾悟郎在《维纳斯·城市》（1992）中，描述了在假想现实的"维纳斯城市"里，有着与现实世界的认同完全相异的人们，其他也有像尼尔·史蒂芬生在《溃雪》中所描写，比现实上更有存在感，名为"魅他域"（Metaverse）的巨大假想世界。这个"魅他域"之后在线上游戏或像是"第二人生"（Second Life，一个线上虚拟游戏）之类的地方实现了，在内部空间活动所使用的名称"阿凡达"（Avatar，成为使用者分身的人物）也成为指称这个网络假想空间的代名词。

除了小说外，虚拟空间也在相当多的其他作品中出现，如电影《黑客帝国》就是将这种虚拟空间直接视觉化的代表作。而日本动漫中也频繁地使用了这个设定，另外如《电脑线圈》（2007）或是《夏日大作战》（2009）等作品中也都可以看见。

这些以虚拟空间作为题材的科幻作品几乎都是以近未来作为时代背景，但葛瑞格·伊根的《大离散》（图 32）则是以特别遥远的未来为舞台背景的小说。

公元 2975 年，人类已经找到能够复制人格的方法，他们多半都舍弃了肉体，"移入"电脑中的假想空间 —— 那里是名为"城邦"（Polis）的虚构都市。在这个无论是物理法则或是时间流动都与现实全然不同的世界中，人们过着与外界完全隔离的生活。而在"城邦"中出生的人工生命也与这些移入者共居其中。

威廉·吉布森的《神经漫游者》中便已经出现过肉体死亡，只能在虚拟空间中存活的人格角色 Dixie Flatline，在《大离散》中也描述了对这种现象习以为常的世界 —— 葛瑞格·伊根透过对"城邦"这个未来都市的考察与描绘，到达了虚拟空间这个目的地。

8.5　被回收的未来都市

有人认为巨型结构林立的这种主流未来都市，在 20 世纪 80 年代后的科幻作品中已经完全消失，这样的描述并不正确，例如，拉瑞·尼文和杰瑞·伯尔尼勒的《宣誓效忠》（图 33）是以洛杉矶所建造的巨大生态建筑为背景的故事。生态建筑是美国建筑师保罗·索拉尼所构思、将都市功能内包其中的巨大构造物，一般被翻译为"生态建筑"或"完全环境都市"。这个概念原本是 20 世纪 60 年代乌托邦建筑概念之一，但是在这部科幻作品当中却成为反体制派攻击的对象。

事实上，威廉·吉布森的作品中也出现过生态建筑。在《神经漫游者》的开头，主角在千叶市所眺望着远方那端，被称为"夜之街道"的黑市即是生态建筑。这个场景应该让很多人都想起一电影《银翼杀手》与这部电影中登场的金字塔形巨型企业大厦一样，对威廉·吉布森来说，生态建筑并非是光明未来的象征，反而是阴郁的都市景观的一大要素。

巨蛋城市也随之登场。在《神经漫游者》的续集《读数归零》中，主角的故乡"史普罗市"（Sprawl）是一个融合了纽约、亚特兰大、波士顿等大都会，同时被测地线拱顶（geodesic dome）覆盖的巨大都市。不过在这个城市内部，却持续地下着从被煤烟熏污的测地线上结露而成的雨。作为未来都市所建设出来的巨蛋，经年累月的结果却是一点一滴地失去了它原本的功能。

已经成为过去的未来都市 —— 这个主题在威廉·吉布森的作品中反复出现。

如以大地震后的近未来旧金山为舞台的三部曲中的第一部作品《虚幻之光》（1993），故事描述了以跨海大桥连接各个不同构造物所构成的奇妙社区。数千游民在此处寄居，可以说是都市中的异界。作为世界上最长吊桥的跨海大桥原本是美国先进性的象征，在这个故事中则变换了用途，仍继续为人们所用。而续集《阿伊朵》（1996）中，则计划将东京湾上漂浮着，以香港九龙为模型的垃圾岛转化成"城寨都市"。在这些作品中，都市仍然朝向未来前进，这与作为废墟的颓废之美不能混为一谈，而是朝着被回收的未来命运前进。

8.6 纳米科技开创的新城市形态

威廉·吉布森的《阿伊朵》中透过纳米科技，创造出让超高层大楼如生物般从水中开始生长的概念。20 世纪 90 年代以后的科幻作品，以纳米科技与生物科技取代电脑来创造都市的新图像，我们就在这一章中来讨论这些作品。

作为先驱的是布莱恩·史戴博福特和大卫·兰福特的《第三个千禧年：2000—3000 年的世界》。这本小说是两位科幻作家对公元 3000 年未来社会的预测，并以未来史的形式记录，其中也介绍了美国生物科技学者 Leon Gantz 所开发的"胶接工法"（cementation）这个被认为具有开创性的技术。此工法是利用遗传子工学所处理的超级细菌，将砂土本身的各种性质构造物的形态抽取出来利用，使之将个别建筑物连接成一体。由于建筑物在地中生根，因此会吸取水分供给内部利用。另外，所有必要的环境设备，建筑物本身皆已具备。21 世纪后半期，除了建筑外，道路、桥梁、运河等都广泛地使用这种手法。

如同生物般的建筑物这样的概念，在神林长平的《过负荷都市》（1988）的寓言式科幻小说中就已经出现。

里面出现的超高层住宅有大约一千层楼的高度，但实际楼层数并不清楚，因为它每年会持续成长，增加高度。建筑物从地面生长后就不断延伸，屋顶则风化、碎散破败。故事中，住在二十一楼的主角这么说："再过半年之后，就变成住在二十二楼了。"

更鲜明地描绘生物化都市的还有阿拉斯泰尔·雪诺的《深渊之城》（图34）。《深渊之城》是位于巨大陨石坑的某个深渊处，被测地线巨蛋覆盖的都市。其内部有着超高层大厦群建立起来的壮丽景观。建筑物透过纳米技术可以自动修复损伤，也能够根据居民们的希望来进行转变的功能。但因为某种谜一样的病毒，致使"融合疫"爆发，巨蛋内的建筑物群马上失去控制且纷纷变形，里面的居民不是被压倒，就是被墙壁吞食，形成相当恐怖的画面。

变形大厦的姿态令人震惊。

有从中间分裂成两边的建筑物，有持续肥大的丑陋建筑物，也有无限增生自体的缩小复制品，有着尖锐角度的小塔群就宛如童话故事中被施加魔法的城市。

再往上走的话，分裂的频度益发增加。相互连通、自行结合，完全呈现出如同气管末端那种令人毛骨悚然的脑珊瑚一般的样态。最后，分裂又再融合，形成一个水平的台面。

如同丛林一般的建筑物内部住着幸存下来的人们。公寓内就像是大型的人体模型内脏，墙壁、床都软绵绵地如同波浪般弯曲。

这是纳米科技暴走所导致产生的，如梦魇一般的城市。这描绘的也是未来都市的破灭。但葛瑞格·林恩、NOX、ASYMPTOTE 等 20 世纪 90 年代以后出现的一批寻找流动建筑形态的建筑师们，他们的作品意象与《深渊之城》有着惊人的相似处。被称之为非标准建筑系的他们脱离了建筑师的藩篱，构想着建筑与都市的自动生成功能，在这层意义上，自身变形的《深渊之城》与非标准建筑系建筑师们所追求的目标非常相近。

因此也可以说，《深渊之城》也是一种另类的描绘新未来都市建设的科幻作品。

第 9 章　21 世纪视角与爱知世博会

9.1　未来城市会消失吗？

爱知与大阪之间

2005 年的"爱·地球"博览会是进入 21 世纪之后的第一个世博会，对日本来说则是 35 年之久后再度举办的世博会。

大阪世博会是奠基在科技进步的前提下，提出对未来社会的想象，并因此创下史上最高的入场人数，这与梅棹忠夫与小松左京提出的日本政府馆基本理念有着密切相关。在"日本世博会政府馆构想案"（通商产业省企业局世博会准备室，1967 年 11 月）中，揭示了下述的基本方针：

作为展出的"纵向之流"的，是描绘从过去到 21 世纪为止的梦想，在纵观日本历史同时，强调"进步"的进程。而"横向之波"则将焦点放置在吸收东、西方文化并加以消化的日本之姿，明确地描述出"调和"这个理念。整体的主题则根据"人类的进步与调和"，高格调且立体地说明展出内容。所谓的世博会，通常是将世界这个空间母体化，然而日本馆则是从"过去—现在—未来"这个直线性的近代化时间轴线上，展示出其发展。

通产省所制作的"关于国际科学技术博览会中政府参展事业之进程"的基本方针中提到，日本与科学技术之间深切关联的展示，必须"针对一般国民，特别是青少年，敦促其获取关于科学技术的正确知识。"因此，大阪世博会与 1985 年筑波科学博览会相比，让人感受到更大的故事脉络。而在曾经作为梦想之未来的 21 世纪举办的爱知世博会，则是以"自然的睿智"这样的主题，追寻以循环型社会为典范的未来。

在这里，我们试着透过与大阪世博会的比较，重新思考爱知世博会的意义。在爱知世博会的开幕仪式中，最受到瞩目的是有着优雅动作的小型机器人表演。而在大阪世博会的开幕式中，尽管同样也有机器人 Deme 与 Deku 活跃在祭典广场上，但却有着宛如会动的建筑一般的巨大尺度，同时还连接着电缆线。这两个巨大机器人是由矶崎新所创作，他以自己所喜爱的球形、长方体等几何学造型组合而成。相较下，爱知世博会中则有着小型化科技的趋势。

丹下健三以未来都市为雏形设计大阪世博会的会场计划，拥有明快的中心轴线以及阶序构造。相对于此，爱知世博会则是根据全球环道（global loop）这种洄游式的人造大地来环绕会场作为主要形式。并且，因为环境问题的争议，作为主体的长久手会场，仅剩如尾骶骨一般的濑户会场，或是如主题公园一般的屉岛会场，都一一分散开来。而就在爱知世博会举行前夕，丹下以 91 岁高龄过世，也让人感觉到大时代正在改变的气氛。以笔者个人来说，参观完爱知世博会的预览会后，因为缺少像是大阪世博会里的祭典广场或是太阳塔这种象征性物体让人感觉略有不足之外，又突如其来地得知丹下这位擅长纪念碑式建筑，堪称建筑界象征人物过世的消息，不由得感到两件事之间不可思议的呼应性（图 35、图 36）。

展馆方面又是如何呢？整体来说，前卫建筑师与艺术家的角色比例减少了。在大阪世博会的导览网站中，所有展馆的设计者都清楚明列，然而爱知世博会中却完全没有刊载设计者个人的任何信息，几乎都是由广告代理商主导的策划。当代艺术家们也几乎没有人参加，也就是说，要采访爱知世博会的时候，就算跟世博会的有关部门询问展馆的设计者，也只会得到"是某某广告代理公司"这样的答案。这是令人感受到建筑师在这场世博会中地位低下。

大阪世博会的政府参展恳谈会的 20 名成员（发起当时），包含了漫画家手塚治虫、作家川端康成、画家林武、建筑师村野藤吾、电影导演圆谷英

二、歌手坂本九、女星吉永小百合等，有相当多创作者参与其中。而爱知世博会的构成人员虽然在人数上与大阪世博会相同，但除了爱知县当地的陶艺家加藤绅也之外，几乎全由学者或相关企业的人员所组成。

1985 年的筑波科学博览会中，就已经可以看见建筑师的重要性弱化的问题，并且特别值得一提的是，当时展示馆非常稀少，28 间企业展馆中就有 23 间是由广告代理商制作，这种做法也成为日本各地举办的地方博览会的基本布局。因此，20 世纪 80 年代、90 年代的地方博览会所累积起来那种由活动公司制作的简便系统，可以说是被爱知世博会所吸收了。

大阪世博会时，创作者的反博运动相当旺盛，但在爱知世博会的情况则是，只有由策展人渡边真也所策划的"另一个世博会会场"展览，这是一个批判国家国民制度的反世博会美术展，以及利用爱知县的广场作为会场的名古屋建筑会议。

作为世界表象的会场计划

世博会是将世界具体表现出来的空间。在还只有一个主会场的时代，分类的思维会被明快地突显出来。伦敦世博会（1851）的水晶宫（Crystal Palace）是以地理位置来决定参展国家和地区的区域划分。1855 年的巴黎世博会则是根据百科全书的分类将展示品分为七大类。而 1867 年的巴黎世博会，将巨大的椭圆空间依照国家切分成圆饼图，同样种类的展示品则以同心圆进行带状配置。有趣的是，连大会场场外的小设施都是以延长的圆饼图表来标示各国区域。也就是说，在世博会空间中，国家与展示品整体是透过几何学以及合理的配列来规定。1878 年的巴黎世博会也是在矩形的会场中，以带状并列来配置各国的展示，而国家的重要性就根据所占比例幅度来判断。

但是，世博会不断膨胀的结果，是即使再巨大的建筑也无法将各国的展示全部收容进来，因此逐渐演化成个别建立展馆的分散形式。而且，因为多数设施都是计划性地加以配置，因此也会与都市开发手法联系起来。丹下健三就如此说明大阪世博会计划的特征：由于会场中包含管线配置等各种设置，也都将会成为以后都市的基础设施，因此这个世博会会场就利用这些基础设施来建立新的未来都市，我个人非常期待未来会如何发展。

他不仅全面地看见了整株树木，并且决定了根干与枝芽系统，而各个展馆就像是绽开的花朵。其结果，从各国与企业所设置的那些充满个性的展馆外观上就可以清楚看见。

爱知博览会的最大建造物是达 2.6 千米的全球环道，绕着这个环道一整圈，恰好就是绕世界一周，也展示出无中心的现代性世界观。大阪世博会有祭典广场作为焦点入口，也有作为象征的轴线。而爱知世博会则没有这样的设置，而是在回路所串接成的全球共同展馆区中，各国馆采以矩形的模具，也就是使用"18 米 ×18 米 ×9 米"的空间单位来设计展馆。这些展馆比较像是有看板的仓库，而没有作为建筑的独特性。

当然，由亚历桑德罗·扎拉波罗（Alejandro Zaera Polo）设计了外墙的西班牙馆是唯一的例外（图 37）。他以濑户的由来为构想，设计出以六角形陶制单元进行几何式的组装，这并非是同一单位的反复，而是如同非标准建筑一样，使用了各种各样歪斜的、六种不同种类的六角型。

虽然如此，全球共同展馆区的背景设计方式，对降低成本来说十分有效。取消展馆个别立体造型表现，以同样单位空间分配的手法，与世博会过去的系统非常相似。如果说，19 世纪的世博会是几何式的庭园配置，那么爱知世博会就是接近于风景式的庭园。从世博会会场的北门这个主要入口进入的话，最初看到的并不是国家相关的展馆，而是企业展馆区。与奥运会不同，世博会让人感觉到这并非是国家与国家之间的竞争场所。曾经成功主导建立世博会系统的巴黎，曾计划在革命两百周年的 1989 年举办巴黎世博会，最终却宣告中止。

建筑师吉阪隆正为了消除国家利己主义，认为世博会、联合国等活动应该在海上的移动会场举办。而爱知世博会会场中，如山路般来回环绕的回路，或许就已经以不同形态让人稍稍窥见了这种精神。

世博会是建筑的试验场，也是近代建筑诞生的场所。

如果我们回顾历史，铁的机械馆、弯曲抛物面造型的飞利浦馆、有空气膜构造的富士展馆等，都是从假设而来的构造或素材实验，也就是说，世博会是更新建筑的最好机会。水晶宫或埃菲尔铁塔等，在当时都没再被认为是正统的"建筑"，但今日这些作品也都加入了近代建筑史的教科书中。不过，未来科技的先端已经开始朝向电脑、遗传因子操作等这些无法以肉眼辨识的领域，因此大阪世博会或许是以建筑表现未来乌托邦的最后舞台。在大阪世博中，技术实验与外观的表现紧密相连，然而爱知世博会中却少有这样醒目的设计。

爱知世博会上好不容易生产出来的"跳舞指南铁塔"，是由太空站上所使用的先端科技与爱知的传统机械装置技术相融合而成，使得铁塔能像关节一样自由活动。另外，栗生综合计划事务所的 BIOLUNG 则是有着长达 150 米、高 15 米的巨大绿墙面，直接表现出"自然的睿智"这个主题：以生物的力量来作为都市"肺功能"，缓和夏天的热岛效应，并加速二氧化碳的吸收等积极减低环境负荷的做法。

爱知世博会中多数的展馆都在会期后回收再利用，如建筑上部作为小学建筑素材再利用的濑户爱知县馆，以及以再生纸和摩擦结合施工法、使用轻量铁骨材料的 MIKAKUMI 与大林组合作所设计的 TOYOTA GROUP 馆（图 38）等，都倡导了素材的可回收性，或许也能说明我们对环境与时代的责任。即使有些素材也没有决定回收后如何使用，但先说明素材的可利用性是相当重要的。

当然，与环境相关的主题很难透过视觉性的设计感来推广，因此不得不先使用说明的方式来推广，一般人也很难透过先进的设计来参与其中。而关于可回收的部分，如果不加以说明，一般入场的参展者就几乎不会察觉。总之，这个世博会要说是完成品，其实更重视过程，就如同每二十年就必须迁宫改建的伊势神宫正是以其汇集古木素材的方法成为获取好评的关键。也就是说，因为预先知道世博会结束后会成为再生建筑，因此反推回去在世博会中以相同的素材建造展馆，若有这样的安排，或许就能有更强的说服力。

再者，爱知世博会设施的特征，像是以工地使用的单管来构筑，由大江匡设计的三井东芝馆这种透过大量百叶窗来表现的极简风格相当多，这也反映了 20 世纪 90 年代以来建筑界的流行趋势。

这是不强烈主张形态、强度的设计方式。进入 21 世纪后，像是旧式的世博会展馆那样的建筑反而在表参道、银座相继出现，像是 PRADA 或 TOD's 等这些精品名牌的旗舰建筑，它们的目的并不在追求永续性，而是在视觉上进行实验性的构造。

顺带一提，当时海洋堂也策划、发售了固力果食玩系列的"大阪世博会篇"，里面包括有按照祭典广场、日立馆、富士馆、苏联馆等做成的食玩产品，虽然在此前也已经做过"世界遗产系列"，但以现代建筑来做成食玩则是第一次。这种将建筑角色化的做法，也让许多人留下了怀念的记忆。

我认为爱知世博会中最具可能性的两种建筑是，被竹子覆盖，如同一个巨型茧一般的长久手日本馆（让建造物整体成为环境技术的试验场），以及吉卜力工作室的电影《龙猫》(1988 年上映)中出现，由和室与洋房合体的"皐月与小梅的家"。当然，原本后者的怀旧印象就很强烈。

可惜的是，对于建筑相关人士来说，爱知世博会中缺乏了那种非看不可的独特建筑物。而在世博会前一年刚完工，由 SANAA 所设计的金泽 21 世纪美术馆（2004）反而成为建筑迷的必定参观的地方。也就是说，爱知世博会错失了好不容易得到的一次展示国家面貌的机会。

9.2 另一种世博会

战争与世博会

我注意到战争与世博会之间的共通点，可以说是在接受爱知世博会的委托工作时。

当时的通产省完成日本政府馆的基本理念时，挑选了包含河合隼雄、川胜平太等有识者共 20 人作为委员。笔者的任务是寻访全体委员进行访问，统合众人的意见来构成基本理念原型的草案。期间，在调查大阪世博会时，发现当时启用了为数众多的建筑师与艺术家，也感受到以各媒体的争相报道导致国民总动员般的狂热，这与在被全方位批判下进行的爱知世博会是截然不同的景况。

原本，在 1940 年预定举办的"幻之日本世博会"与奥林匹克运动会，都因为战争而取消。原先也有计划以青山到代代木的区块作为会场，于 1912 年开办日本大博览会计划，但因日俄战争后的经济衰退而取消。战事不断地促使世博会计划中止。1942 年意大利世博会也同样是因为第二次世界大战而告终，甚至也导致 1944 年的伦敦奥运会落入无法举办的命运。

原本世博会就是展示各国风貌的空间。如 1937 年的巴黎世博会中，苏联馆和德意志馆的相互对峙，或者如 1925 年的装饰艺术博览会也是原本预定于 1914 年举行，但因为第一次世界大战开战而延期。另外，从 1851 年的伦敦世博会开始，在世博会会场上也经常展示出大炮、潜水艇、兵器等军事武器。

椹木野衣在《战争与世博会》一书中，从艺术的观点论述了两者间的关系。他指出，当时的舆论发言也与战争相当类似。例如，*SD* 杂志 1970 年 8 月号的特辑"速成城市（Instant city）的幻想与现实"中，舞蹈评论家市川雅将希特勒与收音机、世博会与电视的传播关系结合起来。

反之，爱知世博会中国家意志弱化，受到媒体极度地攻击，会场计划也不断变更。而在开幕前也完全感受不到举办地兴高采烈的气氛，即使有反对博览会的声音，也因为博览会本身太过薄弱，并未看见其与之抗辩的意图。

爱知世博会所失去的视角

也许从一开始，爱知世博会就是在苦战的气氛下开办的。

基本来说，世博会向来就必须与都市的整备紧密连接。例如，从 19 世纪后半期到 20 世纪前半期举办了数次的巴黎世博会，留下了沿着塞纳河的夏悠宫（Palais de Chaillot）以及大皇宫（Grand Palais）。1942 年的罗马世博会虽然被迫中止，但还是完成了郊外计划都市 EUR 的整备。国际科学技术博览会也与筑波研究学院都市的计划相互运动。也因此，当爱知世博会将"自然的睿智"作为整体基本理念，某种程度上就已经伴随着对世博会这种都市性格的自我否定。实际上，这个理念的提倡者中泽新一似乎就是否定过去的各种世博会，这是一场对世博会进行自我批判的世博会，或许是一种无谋的尝试，但也因为这样反而展开了其开办的价值。

当初，中泽以建筑师的身份推荐了竹山圣、隈研吾、团纪彦三人，他们于 1996 年带来各自的草稿，开始了团纪彦那种将道路与建筑一体化的生态都市（Eco-city）案为主轴的会场计划。意即，为了减低自然的负荷，沿着已经决定建设的道路建造高密度集约型建筑，并且将海上森林的建造面积限制在百分之十以下，计划极具挑战性。虽然这也是日本政府申请世博会时所提出的计划案，但举办国决定是日本后，却以新住宅市街地开发事业为优先，舍弃了原先的提案。

团纪彦在"企划调整会议"中，提到自己作为"会场计划案小组"成员之一，提出了会场计划案，然而世博会的建设负责官员在提案之初就马上进行了批判，因此他也表明："原本希望透过世博会来唤醒过去日本开发系统，然而不仅这个原点消失殆尽，现在的世博会会场计划根本就是为了保留过去那种土木先行的制度，所做出来像是'盾'一样被利用的东西。"（《朝日新闻》，1999 年 9 月 26 日）。之后，博览会国际事务局（BIE）也到现场进行探访，对于新住宅市街开发事业"只是利用国际博览会来进行土地开发事业"，也出现了"令人不快！将博览会与新住宅开发计划相联系，为了该计划，遭受到了来自国际事务局，甚至于国际博览会的批判"这样的新闻（《朝日新闻》，2000 年 1 月 20 日）。

因为这些新闻，加上在会场发现了濒临绝种的苍鹰所筑的巢，迫使爱知世博会不得不变更其计划。官员和民意也被扭曲得乱七八糟，这便是"战争最初"状态的世博会。1997 年，隈研吾成为会场计划的主持人，提出了将 TOPOS 型（顺应自然地形的倾斜所建造的设施）与领域型（使用 GPS 或电子护目镜走出屋外）的空间分散于森林当中 —— 这是因为意识到若是做出宛如大阪世博会那样物体性的建筑物就会遭受到批判。然而，就在生态学问题的争议中，隈研吾也从舞台上退场了，他表示"现在的世博会，与其说是属于国家的计划，不如说已经成为社会所挟持的'不知名物体'了。"（A，6 号，2000 年）。可以说，从冈本太郎的太阳之塔到藤井所监制的大地之塔，可以看见世博会已经变成"与其追求现代艺术的革新性，不如说追求的是艺人的知名度"了。

这期间，团纪彦受环境保护团体之托，以不改变会场的基本性能为前提，制作了不需要平整修填的试案，但却完全无法被接受。最初负责这个计划的通产省负责人也已经更换，变成没有负责人的状态，"自然的睿智"这崇高的理念也完全崩解了，成为毫无主题的世博会。然而，将这个理念以原理主义来进行，才是爱知世博会的历史意义。

结果，参加了 35 年前大阪世博会的建筑师菊竹清训成了总负责人，不只没有与青年一代相交替，还启用了几乎与当初一模一样的建筑师。透过环绕会场的全球环道，出现了菊竹一直以来所追求的人工地盘。这也并未赋予他实现朝向没落未来之视点的机会，因为他在大阪世博会所建造的世博会塔原本应该是更巨大的建筑物，但在爱知博览会中也并没有出现。

若是如此，干脆将错就错地追随文化的想象力，再现出大阪世博会的展馆如何？曾经经历过大阪世博会的一代人，可能会因为充满怀旧感，再次踏入爱知世博会的现场。而不知道大阪世博会的那代人，则可能因为新鲜感而受到吸引。也因此，表现出了一个没有进化的日本。若考虑到爱知世博会在展馆话题性上的缺乏，或许这种做法还有招揽来客的强力效益。只是这种有勇无谋的伎俩只能使出一次并就此打住，因为，这将不得不成为名副其实的"再会了，世博会"活动。

9.3 内爆的未来都市

调和与竞争

大阪世博会虽然可以看作是环绕着科技与都市计划的 20 世纪 60 年代建筑愿景的集大成，但因为还是距离现在相当近的过去，因此还无法在建筑史上将之明确定位。虽然也确实成了前卫实验场，但是将盖子掀开后，却也不过是相当俗气的大众场所，现存设施的数量稀少也是原因之一。当时，佐佐木隆文就批判了这样的现象，甚至将大阪世博会称为"虚构之街"。"世博会存在于现实的那种恐怖，以及在我之中膨胀开来的那种敌托邦倾向的快感，在世博会期间的几个月里都持续着。"以下是更完整的描述：EXPO'70 中满是一个又一个以吸引众人目光之欲望而膨大起来的造型、珍奇结构、样式与色彩，也有像苏联馆那样 —— 与美国风格完全不同，将国旗露骨地高高悬挂于正门的展馆……这些是与死无缘的敌托邦，是无论如何都要背负着生本身的敌托邦，是与煤气爆炸的灾害、公害、交通事故、都市犯罪等，与这些完全相反的等值的现世快乐的敌托邦，连死亡的气味都没有，满溢着生之

气息的敌托邦。（佐佐木隆文和首藤尚丈，"建筑迈向概念的解体"，《近代建筑》，1970 年 8 月号）

相对于"死之战场"，这是"生之世博会"。惊人的能量不断地持续卷入。世博会的官方纪录片中可以看见，祭典广场上每天举办大型"祭典"，并且集合了所有能看见的东西，即使没有跨出国门，在这里也能感受到宛如置身世界各地的气氛。丹下健三将整个会场计划看作是树木，决定了根干与枝节的系统后，就让各展示馆自由地开出各自美丽的花朵。因此，百花缭绕的风景便立刻呈现在人们的眼前。无从控制的展示馆并非是井然有序的未来都市，而恰恰预言了后现代的骚乱与无秩序。

认为"大阪世博会中无秩序的展示馆是国家、企业之间的竞争场，而非世界调和"的这种批判为数众多。例如，理查兹（J.M.Richrds）对企业馆数量庞大且到处都是引人注目的设计，以及欠缺一致的造型等都表示了不满，认为"所谓世博会这个传统概念，时至今日是否仍然妥当，现在不正是应该提出全面检讨的时期吗？"他还提议祭典广场上作为"真正实验"的"伟大的大屋顶结构建筑"应该要扩张至整个会场，"无论是来自各国政府，还是由企业出品，各个展馆都应该在大屋顶下全数整齐排列。"这种想法所期望的，或许是回归到如同水晶宫时期那种初期世博会的展示手法，也就是所谓的秩序空间。

对大阪世博会的归纳

大阪世博会的计划与现代科技的结合真能有效运作吗？超出预先设想人数的参观者引出了各种问题。例如，五十台闭路电视与电脑的使用状况频繁；必须等上四个小时的美国馆，也纷纷出现各种状况；会场中不断有迷路的情形；才开幕一天厕所就已经堵塞；空中餐厅停止营业；希腊馆的阶梯被踩满烂泥。祭典广场上世界警察的游行队伍盛装行进着，却有如讽刺一般地产生了如此多的失序混杂状况。也就是说，作为未来都市雏形的世博会会场，虽然预言了 21 世纪的样貌，但完全失败的会场控制也预示了未来的无可预测性。

建筑史学家村松贞次郎延续了对世博会的讽刺。他认为"这个未来都市，其实是为了要试验如何被群众彻底地蹂躏"，并且"不成熟的电脑乌托邦（computopia）被惨不忍睹地粉碎殆尽"。但这么一来，也可以说这场世博会作为"反面计划"是成功的。他在世博会所目击到的是"这个名为信息社会的时代，对颂扬着通信、控制与预测技术、华丽登场的 EXPO'70 产生了来自人们的压倒性的反感，其中也含有对电脑的嘲笑，以及检视汇聚着科学与技术装备或设备的严苛态度，以及针对人类破坏力量的测试。"

这个说法使人想起布希亚对法国蓬皮杜中心的批判：他认为那是一种透过文化来驯服大众的计划。蓬皮杜是"使管理达至社会主义化的未来式模型"以及"肉体、社会生活各自散乱存在的所有功能，在'均质的时间 = 空间'进行再统合，将所有矛盾的支流都转化为集积回路的关系"。根据布希亚的说法，就算把蓬皮杜烧成灰，抗议也是无用的，最好的方法是民众们蜂拥到蓬皮杜，才是破坏的最佳方式 —— 超过三万人的话，就能用民众的重量将建筑物压垮。"打倒蓬皮杜""以全体达到饱和状态而在内部引发的暴力"等口号，就是打开了迈向"内爆"之路。

村松表示人们"就像踩死虫子般地，踩死了有着小聪明的计划者们"。但却将之正面地解释为人类的解放。"被商业主义所玩弄而鬼哭狼嚎的人们遍地皆是。EXPO'70 是最好的复仇机会。将心中多年的苦闷解放、释放、崩解、重击……许多带着小聪明的装置都崩坏，展示着至昨日为止的媚态，并嘲笑着我们的工业制品，大部分都被踩碎在我们的脚下之时，我们迎接了EXPO'70 的闭幕，而这个光辉的成果以废墟的姿态被证实了。"

因为这个空前的成功，而导致之后的世博会受到了诅咒。以带来庞大利益的动员成为理所当然的前提，因此，相较于内容上的冒险更偏好于安全的重复。日本的博览会为自己判了绞刑，直至其疲惫为止不断反复，最后迈向自杀之途。最终于 1995 年由于民意发动使得世界都市博览会宣告中止，而爱知世博会曾是能够根本性地改变这个系统而再发起的机会。

村松在1970年，提出"为什么不能改变世博会形态"的批判。为了世博会，市镇、工厂、神社、田园等都可以成为会场，也就是说，无论何处都可以是世博会。确实，现在即使不在这里将世界展示在眼前，我们也已经可以轻松地出国，直接亲临现场。同时，只要有手机或电脑，我们就生存在未来的社会中。这么一来，"只能在世博会中看见"的事物减少了，相对地，前往世博会现场的必然性也渐渐消失。

大阪世博会或许在一开幕时，就已经开始走向自我破坏的道路。

9.4 失败于其未失败的世博会

结果，爱知世博会的会场，包括开幕前的参观，我总共造访了六次。

最初是在 2000 年时参与了作为会场预定地的濑户市海上森林。尽管当时保护自然环境的呼声相当高，不过这个海上森林，只是透过人造再生的普通山林而已。之后，主要会场变更至旁边长久手的青年公园。

第二次与第三次参观世博会，则是在 2005 年初，为了现场取材而造访。我仍然记得当时对展馆形态的不满。造型完全不前卫，广告代理商大幅度增加，与其说崇高的理念，不如说只是提供给大众一种适度的梦想。在谁都可以轻易地飞上天空展开旅行，透过网络尽情在大海中遨游的时代里，要让世博会成为不得不去朝拜的圣地，已经相当困难了。另一方面，因为奥运会只要透过电视转播，就可以即时同步观看，而且马上能知道代表选手的胜败，因此成了新的国家节庆 —— 因为观众能够感受到这是来自世界的现场转播，同时主场馆的设计也都维持了一定的水准。相对来说，世博会的会场因为长达半年之久，不仅没有能够现场转播的决定性瞬间的这种特殊镜头，同时也缺乏影像的力度。

第四次造访则是开办之前的公开日。被招待入场的当地居民在现场形成大混乱，也让人开始有"可能会聚集比预想中更多的人群"的预感。第五次则是在进行中，虽然是星期一的早上，但仍然有超乎想象的人潮。一旦开幕以后，最有趣的地方就是交换各种外国馆究竟如何的信息。无论如何，大阪世博会都让人觉得更有趣，也更是日本全国性的共通话题。在 2005 年时，东海圈以外的地区对爱知世博会并不热烈，对这场世博会的认知也感受不到是一场国家盛事。由于当地的人反复去得太多，使得这场世博会更接近大型的地方博览会。

名古屋车站附近的屉岛会场虽然并不是主会场，但其展出的口袋怪兽公园、星际大战展，还有 20 世纪 80 年代的 DISCO 再现等，支离破碎的策划并列着，不但不能支持世博会，反而使其格局变小了。

第六次造访则是在当年八月。当时，入场参观人次已经达到了原本预定的目标，因此可以视这场世博会为确实的成功。然而原本由中泽新一所揭示的基本理念"自然的睿智"，并非只是爱护地球或恢复环境这类诉求而已，而是必须建立人与自然之间更具动态的相互关系。世博会开始于 19 世纪，推进了近代技术与都市开发，但发展到了一个程度后却丧失了其历史意义。世博会这种奇观空间（spectacle space）的系统于 20 世纪仍能发挥作用，但随着法国拒绝继续开办世博会，美国迪斯尼乐园登场，20 世纪后半期就进入了主题乐园的时代。而大阪世博会的成功，必须归功于日本的特殊情况。

但是，如果要在 21 世纪重复世博会的话，为了发展其崭新的意义，就必须在普通的村里山林这种未曾出现的基地上，以完全不同的姿态出现才有可能性。或者，虽然只是随意猜想，但若是为了复兴活动而利用世博会或许也未尝不可。纵观至今的世博会，海上森林是极为独特的设定。另外，也不是在崭新的土地上，透过各种未来技术展现新建筑登场。因此可以说，爱知世博会是一次能够刷新既有手法的大好机会。

也就是说，自我批判的世博会或许是可能的。但是，正因为没有选择这条道路，而导致爱知世博会彻底失败。不，这正是一个能在世博会历史上以惨败留名的大好机会。然而，由于预先将入场人数的目标人数设定地较少，使得爱知世博会被判定为极度成功。结果，这仍然无法重新检视世博会存在的意义，宛如行尸走肉一样苟活着。

爱知世博会正是失败于其未失败，是一个使得变革机会溜走的世博会。

后 记

在序当中提到的上海世博会的部分，容我在此处再添一笔。

某中国企业的展馆是整个上海世博会中最令笔者震撼的地方。展示室的墙面上描绘着流线型的超高楼大厦，巨大的巨蛋建筑，磁浮列车……本来觉得这正是如同过去的未来城市图像，然而正当这个图景在眼前经过的时候，才恍然惊觉那就是现实生活的上海。

上海这个城市，曾是以现实都市之姿态追赶未来都市图像的地方。

然而不仅是上海。

在迪拜，也不断建造超高层建筑。高 828 米、达 168 层的迪拜塔也成为众所瞩目的焦点。迪拜这个都市有着相当数量的超高层大厦，不只是高度，在造型上也相互竞争。无论是柔软光滑的曲面还是多角形组合而成的复杂形态，都已经到了令人无法置信的地步，这些大厦如雨后春笋般相继出现。

因此，曾经只能在科幻漫画中作为背景被描绘的都市，在此时此刻诞生了。

这些在中国或中东地区所产生出建筑，跟诺曼·弗斯特所设计的瑞士再保险公司大楼伦敦本社，或是雷姆·库哈斯所设计的中国中央电视台等这些名家作品，都有着某种共通特性。美国的建筑评论家查尔斯·詹克斯（Charles Jencks）将这些建筑命名为标志性建筑（Iconic Building），其设计的特征不只在于表面的装饰，其建筑本身就常以奇特、出人意料的造型表现。

从造型上的华丽与引人注目来看，也许会使人想起 20 世纪 80 年代的后现代建筑，但其指向性却恰恰相反。后现代建筑会从历史中有名的建筑里引用其部分，就像是使用过去的存款那样。而相对于此，标志性建筑并不使用过去建筑的任何部分，不仅如此，标志性建筑所使用的是在科幻漫画中所描绘的未来都市景象，也就是说标志性所借用的不是过去的历史，而是未来的图像。

20世纪50～60年代未来都市的设计，到目前为止都是"复古未来风"，也被称为令人怀念的未来。是对应该来而尚未到来的未来的一种怜爱的态度。

但是，我们所面对的上海或迪拜，这些应该来而尚未到来的未来，却已然一幅已经到来的景象。

梦想的未来城市实现了！太棒了！不，果真如此吗？那不是一种即便醒来也仍然像还在梦里那样的体验吗？不会醒的梦境，我们一般都将之称为噩梦。

我们现在正要冲入如同噩梦般的未来都市。

另外，笔者所负责的章节的部分，除了共同执笔的五十岚太郎之外，对于科幻类型极为熟悉的山岸贞与渡边英树也给予笔者一些相当具体的建议，一并在此致谢。

矶达雄

图片展示

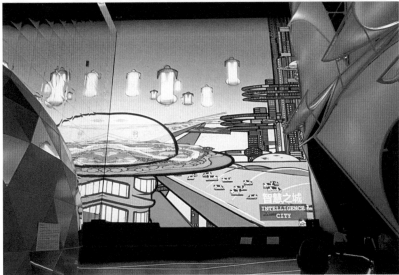

图 1 上海世博会的"都市的未来馆"（矶达雄拍摄）

图2 上海世博会的"世博轴"（矶达雄拍摄）

图3 上海世博会的"中国馆"（矶达雄拍摄）

图 4 大阪世博会的会场

图 5　大阪世博会的太阳之塔与祭典广场

图 6　菊竹清训的"海上都市"

图 7　"孵化过程"中，将成为废墟的未来景象与巨型结构同时并置（提供：矶崎新建筑设计事务所）

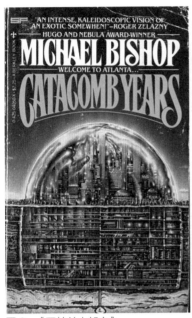

图 8 《亚特兰大都市》

图 9 《内里的世界》

图 10 《都市》

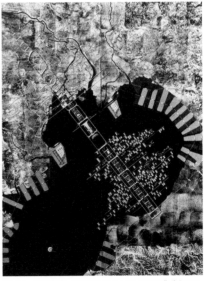

图 11 丹下健三的"东京计划1960"（摄影：川澄明男（Akio Kawasumi），提供：丹下都市建筑设计事务所）

图 12　黑川纪章的"东京计划 2025"（摄影：大桥富夫，提供：黑川纪章建筑都市设计事务所）

图 13　矶崎新的东京都政府大楼竞标中的落选方案的断面模型（摄影：五十岚太郎）

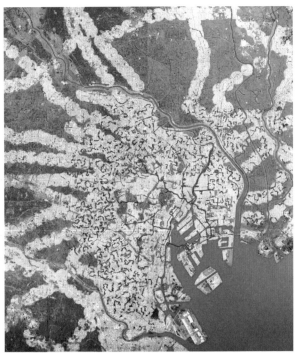

图 14 大野秀敏的"纤维城市 2050"（提供：东京大学新领
域创成科学研究科大野秀敏研究室）

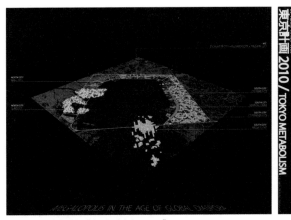

图 15 八束初的"东京计划 2010"

图 16　藤森照信的"东京计划 2101"
（摄影：增田彰久）

图 17　彦坂尚嘉的"皇居美术馆空想计划"
（摄影：新堀学）

图18 菊地秀行《魔界都市（新宿）》（佐藤道明画）

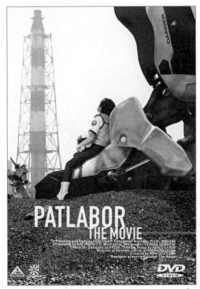

图19 动画《机动警察 PALTLABOR》

图 20 勒杜的"Chaux 的制盐都市"

图 21 东尼·甘尼尔的"工业都市"

图 22 《20世纪》，朝日出版社

图 23 电影《大都会》

图 24 克里斯托弗·裴斯特的《逆转世界》

图25 巴灵顿·贝莱的《从五号
都市逃脱》（长谷川正治画）

图26 拉瑞·尼文的《圆环世界》
（鹤田一郎画）

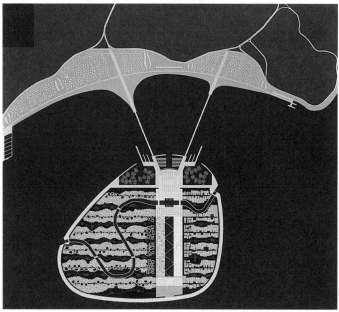

图27 海市计划（提供：矶崎新建造设计事务所）

图 28 MVRDV 的数据城（图片版权：MVRDV）

图 29 R&Sie 的建筑模型（摄影：五十岚太郎）

图 30 亚瑟·克拉克的《城市与群星》（星 图 31 《神经漫游者》
野胜之画）

图 32 葛瑞格·伊根的《大离散》（小阪淳画） 图 33 拉瑞·尼文和杰瑞·伯尔尼勒
的《宣誓效忠》（鹤田一郎画）

图 34 阿拉斯泰尔·雪诺的
《深渊之城》

图 35 爱知世博会的会场的模型（摄影：五十岚太郎）

图 36 菊竹清训设计的全球环道（提供：财团法人地球产业文化研究所）

图 36 菊竹清训设计的全球环道（摄影：五十岚太郎）

图 37 亚历桑德罗·扎拉波罗设计的西班牙馆（摄影：五十岚太郎）

图 38 MIKAKUMI 与大林组合作所设计的 TOYOTA GROUP 馆（摄影：五十岚太郎）